Diji Yu Jichu Gongcheng Shigong Jisuan Shili Jingxuan

地基与基础工程施工计算实例精选

筑龙网 组编

人民交通出版社

内 容 提 要

本书是《筑龙网建筑工程计算实例丛书》的分册之一。全书贯彻国家及行业最新标准规范，从工程技术人员及现场技术操作人员在项目设计、方案编制和现场施工时遇到的实际问题出发，本着简明、实用的原则，将建筑工程中最常用、最基本的计算实例汇编成册，便于读者举一反三，参照使用。书中收录的计算实例系从筑龙资料库和资深专家的投稿中精选而来，不仅具有很强的典型性和实用性，而且经过了众多第一线工程人员的实际检验，是非常难得的技术资料。本书收录了土方工程、基坑工程、筏形基础、箱形基础、桩基础、柱下条形基础和特殊地基工程中的常见工程计算，完整地涵盖了工程计算在地基与基础工程中的主要应用领域。

本书可供建筑工程技术人员、管理人员和高级技工使用，也可供各院校相关专业师生参考。

图书在版编目(CIP)数据

地基与基础工程施工计算实例精选/筑龙网组编. —北京：人民交通出版社，2007.7
(筑龙网建筑工程计算实例丛书)
ISBN 978-7-114-06636-8

Ⅰ.地… Ⅱ.筑… Ⅲ.①地基－工程计算②基础（工程）－工程计算 Ⅳ.TU470

中国版本图书馆 CIP 数据核字（2007）第 087647 号

书　　名：地基与基础工程施工计算实例精选
著 作 者：筑龙网
责任编辑：高　培
出版发行：人民交通出版社
地　　址：(100011) 北京市朝阳区安定门外外馆斜街 3 号
网　　址：http: //www.ccpress.com.cn
销售电话：(010) 85285838,85285995
总 经 销：北京中交盛世书刊有限公司
经　　销：各地新华书店
印　　刷：三河市吉祥印务有限公司
开　　本：787×960　1/16
印　　张：10.75
字　　数：192 千
版　　次：2007 年 9 月　第 1 版
印　　次：2007 年 9 月　第 1 次印刷
书　　号：ISBN 978-7-114-06636-8
定　　价：28.00 元

编委会名单

主　　编：丁起浩

参编人员：刘新圆　王来地　郭　灿　段如意
吴晓伶　张兴诺　陈　瑞　徐　晖
迟　悦　苗文颖　张志健　浦　实
李　静　李智慧　贾晓军　郭成华
丁艳青　姜　楠　康美霞　王　健

前言

工程计算是建筑工程中的一个核心环节。无论是工程技术人员,还是施工现场操作人员,只有掌握了相关工程的常用计算方法和计算思路,才能够提高工程组织规划和方案编制的合理性,保证工程质量,加快施工进度,降低工程整体成本,保障施工安全。

随着近年来设计水平的提高和工程技术的发展,建筑工程计算作为一个跨学科、高应用性的技术领域也取得了长足的进步:一方面,受益于计算机技术的普及,很多实际计算过程得到了非常有效的简化;另一方面,各种新工艺和新材料的引入,又拓宽了工程计算所涉及的学科和领域,使计算中需要考虑的条件和因素较以往复杂得多。因此,在现有的各种原理性教材和计算手册之外,本领域迫切需要一系列更简明、更便捷、更贴近实际工程、更符合常见应用场景的参考书籍,为工程计算实践提供准确而高效的指引。

作为国内最大的建筑专业技术服务网站,筑龙网为了满足广大工程技术人员的需要,特组织编写了本系列《筑龙网建筑工程计算实例丛书》,按分项工程分册出版。本系列图书贯彻国家及行业最新标准规范,从工程技术人员及现场技术操作人员的实际工程问题出发,本着简明、实用的原则,将建筑工程中最常用、最基本的计算实例汇编成册,便于读者举一反三,参照使用。书中收录的计算实例系从筑龙资料库和资深专家的投稿中精选而来,不仅具有很强的典型性和实用性,而且经过了众多第一线工程人员的实际检验,是非常难得的技术资料。

本书是《筑龙网建筑工程计算实例丛书》的分册之一。全书共分八章,第 1 章简要介绍土方工程常用计算;第 2 章介绍基坑工程的计算实例;第 3 章介绍筏形基础工程计算实例;第 4 章介绍箱形基础工程的计算实例；第 5 章给出桩基础工程常见的计算实例；第 6 章给出柱下条形基础工程计算实例；第 7 章精选了特殊地基工程常用的计算。

本书中所采用的实例均从网友们的投稿中精选而来，在征稿和编写过程中得到了广大筑龙网友的积极响应和大力支持，在此表示衷心的感谢。但因编者水平有限，书中内容难免会有缺陷和错误，敬请读者多加批评和指正，以便再版时修订。由于编制时间仓促，未能及时与部分投稿的网友取得联系，请书中的范例投稿者见书后速与筑龙网联系。

编委会

2007 年 5 月

目录

第 1 章　土方工程 …… 1

1.1　场地平整土方量计算 …… 1

1.2　土方平衡与调配计算 …… 10

1.3　土方机械施工计算 …… 12

1.4　填土压实计算 …… 14

第 2 章　基坑工程 …… 16

2.1　基坑工程开挖计算 …… 16

2.2　基坑工程支护结构计算 …… 19

2.3　地下连续墙计算 …… 40

第 3 章　筏形基础 …… 47

3.1　大体积钢筋混凝土筏基计算 …… 47

3.2　筏板基础及侧壁计算 …… 49

3.3　筏板基础复合桩基计算 …… 62

第 4 章　箱形基础 …… 66

4.1　高层建筑箱形基础计算 …… 66

4.2　框架结构箱型基础计算 …… 80

第 5 章　桩基础 …… 91

5.1　桩基础工程计算 …… 91

5.2　塔吊桩基础计算 …… 100

5.3　桩基承台计算 …… 104

5.4　钢板桩施工计算 …… 122

第6章　柱下条形基础 …… 128
6.1　柱下十字交叉条形基础宽度的计算 …… 128
6.2　柱下条型及独立基础计算 …… 129
6.3　条形基础计算实例 …… 145
第7章　特殊地基 …… 147
7.1　软土基坑计算 …… 147
7.2　深基础施工计算 …… 152

第1章 土方工程

1.1 场地平整土方量计算

在编制场地平整土方工程施工组织设计或施工方案、进行土方的平衡调配以及检查、验收土方工程时，常需要进行土方量计算。计算方法有横截面法和方格网法两种。

1.1.1 土方横截面法计算

根据地形图或现场测绘，将场地划分为若干个相互平行的横截面，应用横截面计算公式逐段计算土方量，最后将各段汇总，即得场地总挖、填土方量。本法多用于地形起伏变化较大、自然地面较复杂的地段或地形狭长的地带。计算较为简单方便，但精度较低，其计算步骤如下。

(1)划分横截面

按垂直等高线或垂直主要建筑物的边长原则，将场地划分为：AA'、BB'、CC'……(图1-1)，截面的间距通常取10～15m。

(2)画横截面图形

按比例(水平为1：200～500、垂直为1：100～200)绘制每个横截面的自然地面和设计地面的轮廓线，两轮廓线之间的面积即为挖方或填方的截面面积。

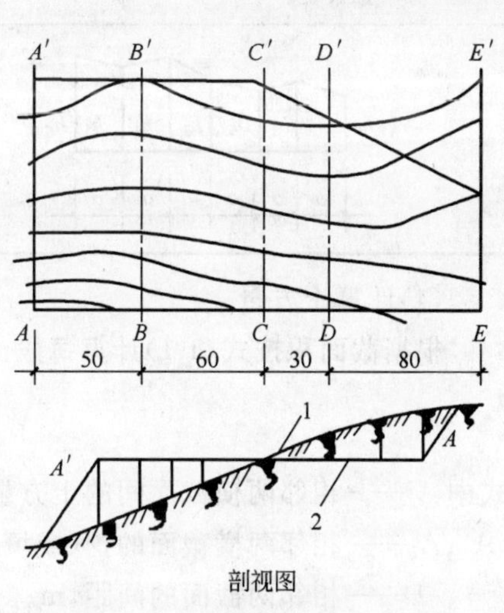

图1-1 画面示意图(尺寸单位：m)
1-自然地面；2-设计地面

(3)计算横断面面积

按表 1-1 公式计算每个横断面的挖方或填方截面面积。

常用横断面面积计算公式 表 1-1

横断面图式	断面积计算公式
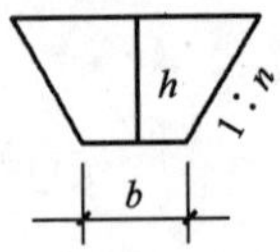	$A=h(b+nh)$
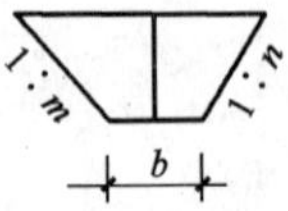	$A=h\left[b+\frac{h(m+n)}{2}\right]$
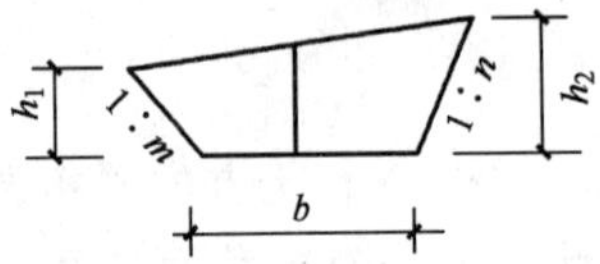	$A=b\frac{h_1+h_2}{2}+nh_1h_2$
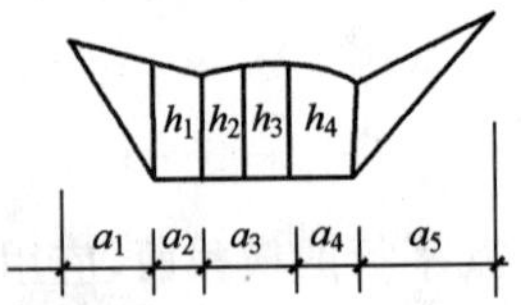	$A=h_1\frac{a_1+a_2}{2}+h_2\frac{a_2+a_3}{2}+h_3\frac{a_3+a_4}{2}+h_4\frac{a_4+a_5}{2}$
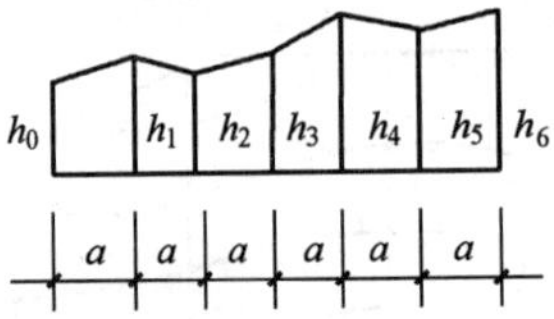	$A=\frac{a}{2}(h_0+2h+h_6)$ $h=h_1+h_2+h_3+h_4+h_5$

(4)计算土方量

根据截面积按式(1-1)计算每段土方量：

$$V=\frac{A_1+A_2}{2}L \tag{1-1}$$

式中：V——相邻两横截面间的土方量，m^3；

A_1、A_2——相邻两横截面的挖(或填)方截面面积，m^3；

L——相邻两截面的间距，m。

(5)汇总全部土方量

按表 1-2 格式汇总全部土方量。

土方工程量汇总表　　表 1-2

截　面	填方面积(m^2)	挖方面积(m^2)	截面间距(m)	填方体积(m^3)	挖方体积(m^3)
A-A′					
B-B′					
C-C′					
……					
合计					

丘陵地段场地整平如图 1-1 所示，已知 AA′、BB′、CC′、DD′、EE′截面的填方面积分别为 $47m^2$、$45m^2$、$20m^2$、$5m^2$、$0m^2$，挖方面积分别为 $15m^2$、$22m^2$、$38m^2$、$20m^2$、$16m^2$，试求该地段的总填方和挖方量。

由图 1-1 所注各截面间距并由式(1-1)分别计算各截面间土方量为：

$$V_{AB填} = \frac{A_1 + A_2}{2} \cdot L = \frac{47+45}{2} \times 50 = 2300(m^3)$$

$$V_{AB挖} = \frac{15+22}{2} \times 50 = 925(m^3)$$

$$V_{BC填} = \frac{45+20}{2} \times 60 = 1950(m^3)$$

$$V_{BC挖} = \frac{22+38}{2} \times 60 = 1800(m^3)$$

$$V_{CD填} = \frac{20+5}{2} \times 30 = 375(m^3)$$

$$V_{CD挖} = \frac{38+20}{2} \times 30 = 870(m^3)$$

$$V_{DE填} = \frac{5+0}{2} \times 80 = 200(m^3)$$

$$V_{DE挖} = \frac{20+16}{2} \times 80 = 1440(m^3)$$

表 1-3 为土方工程量汇总表。

土方工程量汇总表　　表 1-3

截　面	填方面积(m^2)	挖方面积(m^2)	截面间距(m)	填方体积(m^3)	挖方体积(m^3)
AA′	47	15			
			50	2300	925
BB′	45	22			
			60	1950	1800
CC′	20	38			
			30	375	870
DD′	5	20			
			80	200	1440
EE′	0	16			
合计			220	4825	5035

1.1.2 土方方格网法计算

1. 土方方格网法计算方法

根据地形图(一般用1∶500的地形图)将欲计算场地划分成若干个方格网，应用方格网计算公式逐格计算土方量，最后将所有方格汇总即得场地总挖填土方量。本法多用于地形较平缓、面积大或台阶宽度较大的地段。作为场地平整的土方量计算，精度较高。其计算步骤如下。

(1)划分方格网

方格边长根据地形变化的复杂程度，一般为10m、20m、30m或40m，对地形简单、坡度平缓的大面积场地，边长可选用50m、100m。方格尽量与测量或施工控制的纵横坐标网重合。

(2)标注高程

根据地形图的自然等高线高程和设计地面高程，在方格角点右下角标上自然地面高程，在右上角标上设计地面高程，并将两者地面高程的差值，即各角点的挖、填高度，标在方格角点的左上角，挖方为(+)，填方为(—)。

(3)计算零点位置

在一个方格网中同时存在挖方或填方时，可先计算出方格网边零点位置，并标注于方格网上，零点连接线便是挖方区与填方区的分界线。

(4)计算土方量

按方格网平面图形用表1-4所列方格网计算公式计算每个方格网内的挖方或填方量。

常用方格网计算公式　　表1-4

项　目	图　式	计算公式
一点填方或挖方(三角形)	h_1 h_2 h_3 h_4 b c	$V=\frac{1}{2}bc\frac{\sum h}{3}=\frac{bch_3}{6}$ 当 $b=c=a$ 时，$V=\frac{a^2h_3}{6}$
二点填方或挖方(梯形)	h_1 h_2 h_3 h_4 a b c d e	$V_-=\frac{b+c}{2}a\frac{\sum h}{4}=\frac{a}{8}(b+c)(h_1+h_3)$ $V_+=\frac{d+e}{2}a\frac{\sum h}{4}=\frac{a}{8}(d+e)(h_2+h_4)$
四点填方或挖方(正方形)	h_1 h_2 h_3 h_4	$V=\frac{a^2}{4}\sum h=\frac{a^2}{4}(h_1+h_2+h_3+h_4)$

续上表

项　　目	图　　式	计 算 公 式
三点填方或挖方 （五角形）		$V=\left(a^2-\frac{bc}{2}\right)\frac{\sum h}{5}$ $=\left(a^2-\frac{bc}{2}\right)\frac{h_1+h_2+h_4}{5}$

注：1. 表内计算公式中 a 为方格网的边长，m。

2. b、c、d、e 为零点到一角的边长，m。

3. h_1、h_2、h_3、h_4 为各角点的施工高程，用绝对值代入。

4. V 为挖方或填方的体积，m^3。

(5)汇总全部土方量

将挖方区和填方区所有方格计算土方量进行汇总，即为该场地整平挖方和填方的总土方量。

2. 土方方格网法计算实例

某工程场地方格网的局部如图 1-2 所示，方格边长为 20m×20m，试计算挖填土方总量。

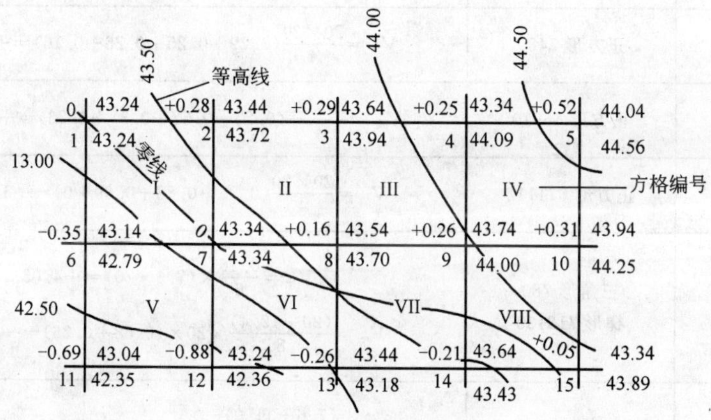

图 1-2　方格网的局部图

(1)划分方格网

根据图 1-3a)所示方格各点的自然地面高程和设计地面高程，计算方格各点的施工高度列于图 1-3b)中，例如角点 5 的施工高程＝44.56－44.04＝＋0.52(m)，即该点挖去 0.52m，其余类推。

(2)计算零点位置

从图 1-3b)中知 8-13、9-14、14-15 三条方格网边两端的施工高度符号不同，表明在此方格边上有零点存在。

由公式

$$b = \frac{ah_1}{h_1 + h_2}$$

求得 8-13 方格边的空点位置如下：

$$b = \frac{20 \times 0.16}{0.16 + 0.26} = 7.6(\text{m})$$

其余类同，将各零点标于图上，并将零点线连接起来。

(3)计算土方量(如表 1-5)

方格网土方量计算 表 1-5

方格序号	底面图形及编号	土方量计算(m^3)
I	三角形 127 三角形 167	$V_+ = \frac{0.28}{6} \times 20 \times 20 = +18.67$ $V_- = \frac{0.35}{6} \times 20 \times 20 = -23.33$
II	正方形 2378	$V_+ = \frac{20 \times 20}{4}(0.28 + 0.29 + 0.16 + 0) = +73.00$
III	正方形 3489	$V_+ = \frac{20 \times 20}{4}(0.29 + 0.25 + 0.26 + 0.16) = +96.00$
IV	正方形 45910	$V_+ = \frac{20 \times 20}{4}(0.25 + 0.52 + 0.31 + 0.26) = +134.00$
V	正方形 671112	$V_- = \frac{20 \times 20}{4}(0.35 + 0.88 + 0.69 + 0) = -192.00$
VI	三角形 780 梯形 712130	$V_+ = \frac{0.16}{6} \times (7.6 \times 20) = +4.05$ $V_- = \frac{(20 + 12.4)}{8} \times 20 \times (0.88 + 0.26) = -92.34$
VII	梯形 8900 梯形 013140	$V_+ = \frac{(7.6 + 11.0)}{8} \times 20 \times (0.26 + 0.16) = +19.53$ $V_- = \frac{(12.4 + 9)}{8} \times 20 \times (0.21 + 0.26) = -25.15$
VIII	三角形 0140 五角形 0910150	$V_- = \frac{0.21}{6} \times 9 \times 16.2 = -5.10$ $V_+ = \left(20 + 20 \times \frac{16.2 \times 9}{2}\right) \times \left(\frac{0.26 + 0.31 + 0.05}{5}\right) = +40.56$

注：土方数量的符号“+”表示挖方，“-”表示填方，本表计算结果列于图 1-3b)中。

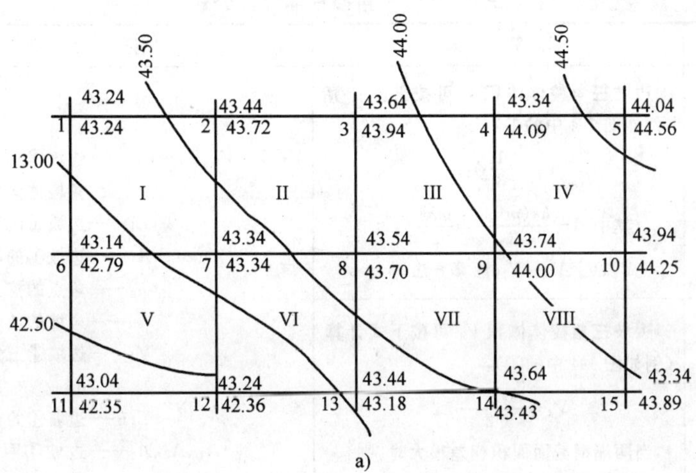

a)

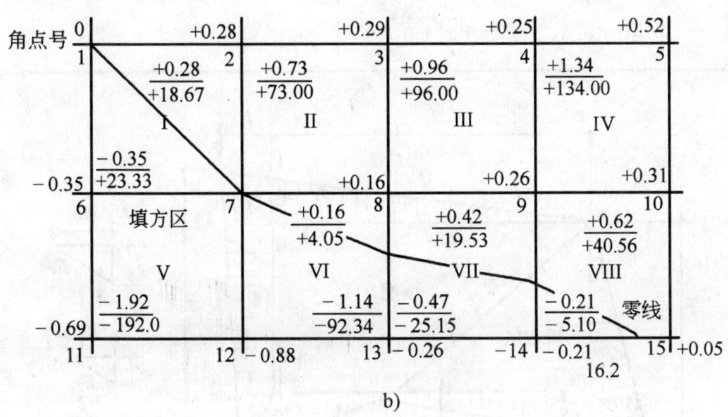

b)

图 1-3 方格网计算土方图例

a)方格角点标高、方格编号、角点编号图;b)零线、角点填挖高度、土方工程量图

(4)土方量汇总

全部挖方量：$\sum V_{+}=18.67+73.00+96.00+134.00+4.05+19.53+40.56$

$=385.81(m^3)$

全部填方量：$\sum V_{-}=23.33+192.00+92.34+25.15+5.10=337.92(m^3)$

3.边坡土方量计算

本方法是根据地形图和边坡竖向布置图或现场测绘，将要计算的边坡划分为两种近似的几何形体(图 1-4)，一种为三角棱体(如体积①～③、⑤～⑪)，另一种为三角棱柱体(如体积④)，然后应用表 1-6 几何公式分别进行土方计算，最后将各块汇总即得场地总挖(+)、填(−)土方量。

三角棱体、三角棱柱体计算公式 表 1-6

项　目	计 算 公 式	符 号 意 义
边坡三角棱体体积	边坡三角棱体体积 V 可按下式计算（例如图 1-4 中的①）： $V_1=\frac{1}{3}A_1L_1$ 其中 $A=\frac{h_2(mh_2)}{2}=\frac{mh_2^2}{2}$ V_2、V_3、$V_5\sim V_{11}$ 计算方法同上	V_1、V_2、V_3、$V_5\sim V_{11}$——边坡①、②、③、⑤～⑪三角棱体体积，m^3； L_1——边坡①的边长，m； A_1——边坡①的端面积，m^2； h_2——角点的挖土高度，m； m——边坡的坡度系数； V_4——边坡④三角棱柱体体积，m^3； L_4——边坡④的长度，m； A_1、A_2、A_0——边坡④两端及中部的横截面面积 m^2；
边坡三角棱柱体体积	边坡三角棱体体积 V_4 可按下式计算（例如图 1-4 中的④）： $V_4=\frac{A_1+A_2}{2}L_4$ 当两端横截面面积相差很大时，则： $V_4=\frac{L_4}{6}(A_1+4A_0+A_2)$ A_1、A_2、A_0 计算方法同上	

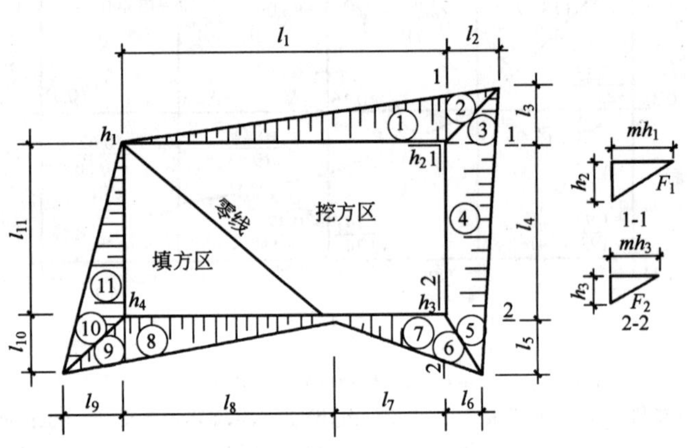

图 1-4　场地边坡计算简图

某场地整平工程，长 80m，宽 60m，土质为粉质黏土，取挖方区边坡坡度为 1∶1.25，填方边坡坡度为 1∶1.5，已知平面图挖填方界线尺寸及角点高程如图 1-5 所示，试求边坡挖、填土方量。

先求边坡角点 1～4 的挖、填方宽度：

角点 1 填方宽度：0.85×1.50=1.28(m)

角点 2 填方宽度：1.54×1.25=1.93(m)

角点 3 填方宽度：0.40×1.25=0.50(m)

角点 4 填方宽度：1.40×1.50=2.10(m)

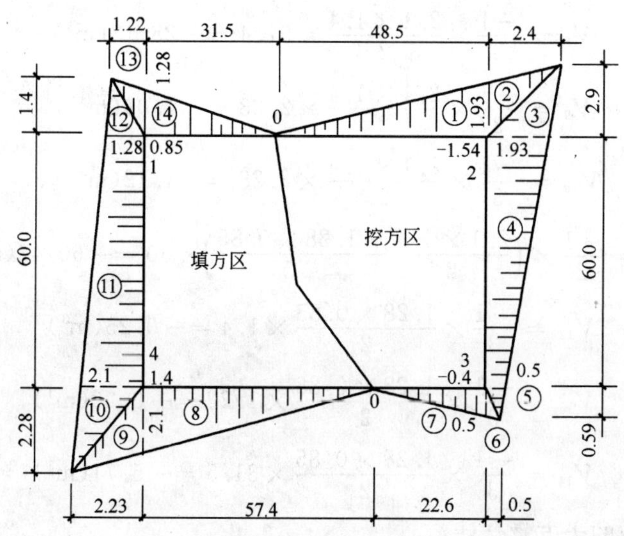

图1-5 场地边坡平面轮廓尺寸图(尺寸单位:m)

按照场地四个控制角的边坡宽度,利用作图法可得出边坡平面尺寸,如图1-5所示。边坡土方工程量可划分为三角棱体和三角棱柱体两种类型,按表1-6公式计算如下:

(1)挖方区边坡土方量

$$V_1=\frac{1}{3}\times\frac{1.93\times1.54}{2}\times48.5=+24.03(\mathrm{m}^3)$$

$$V_2=\frac{1}{3}\times\frac{1.93\times1.54}{2}\times2.4=+1.19(\mathrm{m}^3)$$

$$V_3=\frac{1}{3}\times\frac{1.93\times1.54}{2}\times2.9=+1.44(\mathrm{m}^3)$$

$$V_4=\frac{1}{3}\times\left(\frac{1.93\times1.54}{2}+\frac{0.4\times0.5}{2}\right)\times60=+47.58(\mathrm{m}^3)$$

$$V_5=\frac{1}{3}\times\frac{0.5\times0.4}{2}\times0.59=+0.02(\mathrm{m}^3)$$

$$V_6=\frac{1}{3}\times\frac{0.5\times0.4}{2}\times0.5\approx+0.02(\mathrm{m}^3)$$

$$V_7=\frac{1}{3}\times\frac{0.5\times0.4}{2}\times22.6=+0.75(\mathrm{m}^3)$$

挖方区边坡的土方量合计:

$$V_{挖}=24.03+1.19+1.44+47.58+0.02+0.02+0.75=+75.03(\mathrm{m}^3)$$

(2)填方区边坡的土方量

$$V_8 = \frac{-1}{3} \times \frac{2.1 \times 1.4}{2} \times 57.4 = -28.13(\text{m}^3)$$

$$V_9 = \frac{-1}{3} \times \frac{2.1 \times 1.4}{2} \times 2.23 = -1.09(\text{m}^3)$$

$$V_{10} = \frac{-1}{3} \times \frac{2.1 \times 1.4}{2} \times 2.28 = -1.12(\text{m}^3)$$

$$V_{11} = \frac{-1}{2} \times \left(\frac{2.1 \times 1.4}{2} + \frac{1.28 \times 0.85}{5}\right) \times 60 = -60.42(\text{m}^3)$$

$$V_{12} = \frac{-1}{3} \times \frac{1.28 \times 0.85}{2} \times 1.4 = -0.25(\text{m}^3)$$

$$V_{13} = \frac{-1}{3} \times \frac{1.28 \times 0.85}{2} \times 1.22 = -0.22(\text{m}^3)$$

$$V_{14} = \frac{-1}{3} \times \frac{1.28 \times 0.85}{2} \times 31.5 = -5.71(\text{m}^3)$$

填方区边坡的土方量合计：

$$V_{填} = -(28.13 + 1.09 + 1.12 + 60.42 + 0.25 + 0.22 + 5.71) = -96.94(\text{m}^3)$$

1.2　土方平衡与调配计算

场地平整土方调配是使土方运输量或土方运输在成本最低的条件下，确定填、挖方区土方的调配方向和数量，从而达到缩短工期、提高效益的目的。土方平衡调配的计算一般按以下步骤和方法进行：

(1)划分调配区。在场地平面图上先划出挖填区的分界线，即零线。然后根据地形条件和施工要求，将挖方区和填方区适当划分为若干调配区。调配区的范围应和土方工程量计算的方格网相协调，其大小应满足土方施工主导机械行驶操作的要求。当土方运距较大或场地范围内土方不平衡时，可考虑就近借土或弃土，此时一个借土区或弃土区可作为一个独立的调配区。

(2)计算各调配区的土方量，标于图上。

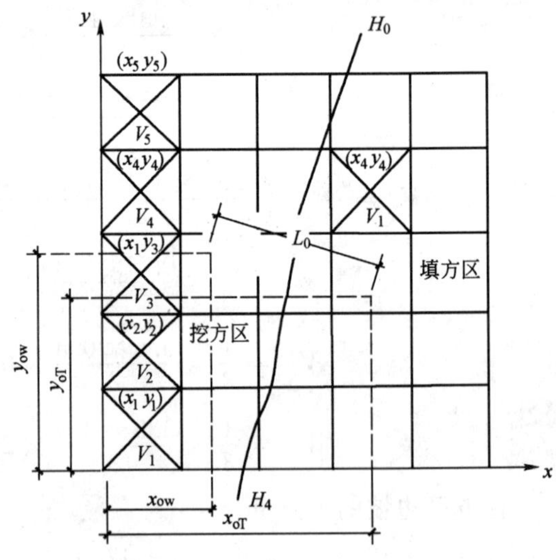

图 1-6　土方调配区间的平均运距

(3)利用公式(1-3)计算每对调配区的平均运距，标于图上(如图1-6)。平均运距即挖方区土方。

$$X_0=\frac{\sum(x_iV_i)}{\sum V_i};Y_0=\frac{\sum(y_iV_i)}{\sum V_i} \tag{1-2}$$

式中：X_0、Y_0——挖或填方调配区重心坐标；

x_i、y_i——i块方格的重心坐标；

V_i——i块方格的土方量。

挖、填方区之间的平均运距 L_0 为：

$$L_0=\sqrt{(x_{OT}-x_{OW})^2+(y_{OT}-y_{OW})^2} \tag{1-3}$$

式中：x_{OT}、y_{OT}——填方区的重心坐标；

x_{OW}、y_{OW}——挖方区的重心坐标。

一般情况下，可用作图法近似地求出调配区的几何中心，以代替重心位置，用比例尺量出每对调配区的平均运距。

当挖、填方调配区之间的距离较远，采用自行式铲运机或汽车等沿现场道路或规定线路运土时，按实际计算运距。

所有挖、填方调配区之间的平均运距都需一一计算，并将计算结果列于土方平衡调配表1-7中。

土方平衡与运距表 表1-7

填方区 / 挖方区	B_1	B_2	B_3	B_j	......	B_n	挖方量(m^3)
A_1	L_{11} x_{11}	L_{12} x_{12}	L_{13} x_{13}	L_{1j} x_{1j}	......	L_{1n} x_{1n}	a_1
A_2	L_{21} x_{21}	L_{22} x_{22}	L_{23} x_{23}	L_{2j} x_{2j}	......	L_{2n} x_{2n}	a_2
A_3	L_{31} x_{31}	L_{32} x_{32}	L_{33} x_{33}	L_{3j} x_{3j}	......	L_{3n} x_{3n}	a_3
A_i	L_{i1} x_{i1}	L_{i2} x_{i2}	L_{i3} x_{i3}	L_{ij} x_{ij}	......	L_{in} x_{in}	a_i
⋮	......	......	......	......	......	......	⋮
A_m	L_{m1} x_{m1}	L_{m2} x_{m2}	L_{m3} x_{m3}	L_{mj} x_{mj}	......	L_{mn} x_{mn}	a_m
填方量(m^3)	b_1	b_2	b_3	b_j	......	b_n	$\sum_{i=1}^{m}a_i=\sum_{j=1}^{n}b_j$

注：1. L_{11}、L_{12}、L_{13}……L_{mn} 指挖填方之间的平均运距。

2. x_{11}、x_{12}、x_{13}……x_{mn} 指调配土方量。

(1)确定土方最优调配方案。采用线性规划中的“表上作业法”求解。

(2)绘制土方调配、平衡调配图。根据确定的土方最优调配方案绘制土方调配图,标出调配方向、土方数量及运距。如图 1-7 所示,A_i 为挖土区,B_i 为填土区,箭头上面的数字表示土方调配量(m^3),下面的数字表示运距(m)。

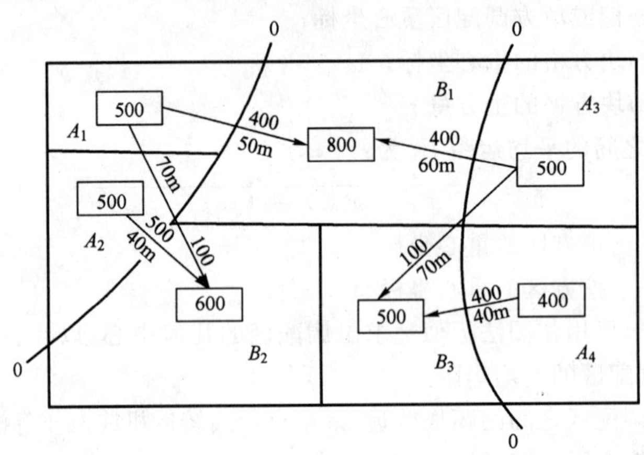

图 1-7　土方调配图

1.3　土方机械施工计算

土方机械生产效率及需用数量计算见表 1-8。

土方机械生产效率及需用数量计算　　表 1-8

机 械 名 称	小时生产率 Q_h(m^3/h)	台班生产率 Q_d(m^3/台班)	需用数量 N(台)
单斗挖掘机	$Q_h=\frac{3600qK}{t}$	$Q_d=8Q_hK_B$	$N=\frac{Q}{Q_d}\cdot\frac{1}{T\cdot c\cdot K_B}$
推土机	$Q_h=nq=\frac{3600q}{tK_P}=\frac{1800H^2b}{tK_p\tan\varphi}$	$Q_d=8Q_hK_B$	
自卸汽车		$Q_d=\frac{480q}{t}\cdot K\cdot K_B$	$N=\frac{P}{Q_d}=\frac{t}{t_1}$
平地机	$Q_h=\frac{3600QLK_B}{t\cdot K_p\cdot\phi}$		
铲运机	$Q_h=\frac{3600q\cdot K}{t}$	$Q_d=8Q_h\cdot K_B$	

式中:q——土方机械工作斗箱容量,m^3;

K——土方机械工作斗箱利用系数,即土的充盈系数 K_c 与土的可松性系数 K_p 之比,$K=K_c/K_p$,对砂土为 0.8～0.9,对黏土为 0.85～0.95;

Q——土方工程量,m^3;

P——装土机台班产量,m^3/台班;

K_B——工作时间利用系数,查机械定额,一般为 0.70～0.85;

t——每一工作循环延续时间，s；

t_1——装车所需时间，min；

T——工期，d；

c——每天作业班数，台班；

n——每小时循环次数；

H——铲刀高度，m；

b——铲刀宽度，m；

φ——铲土堆积自然坡角；

L——每一行程长度，m；

ϕ——行程重叠数，一般取 $\phi=1.15\sim1.70$。

1.3.1 推土机作业生产率

推土机作业生产率与上坡或推土高度和宽度有关，其影响系数见表 1-9～表 1-12。

上坡推土降低台班产量参考表 表 1-9

上坡坡度(%)	10～15	15～25	25 以上
台班产量降低系数	0.92	0.88	0.80

上坡推土高度折合水平运距表 表 1-10

上坡坡度(%)	6～10	12～20	20～25
每升高 1m 折合水平距离(m)	4.0	7.0	9.0

填土高度折合水平距离增加运距表 表 1-11

填土高度(m)	1.0	2.0	3.0	4.0
折合水平距离(m)	6.0	10.0	16.0	24.0

填土高度，宽度降低台班产量定额参考表 表 1-12

填土高度、宽度	高度 2m 以上，宽度 2～5m
台班定额降低系数	0.90

1.3.2 铲运机作业生产率

铲运机作业生产率与上坡和填筑路堤的高度有关，其影响系数参见表 1-13 至表 1-14。

铲运机上坡运土增加台班系数表 表 1-13

上坡坡度(%)	5	10	15
增加系数	1.05	1.08	1.14

填筑路堤降低台班产量系数表 表 1-14

填土高度(m)	路面宽度(m)	降低台班产量系数
5 以上	5 以内	0.95

1.4 填土压实计算

1.4.1 填土的最大干密度

填土的最大干密度 ρ_{dmax} 是最优含水量时，通过标准的击实试验确定。

当无试验资料时，黏性土、粉土的最大干密度按下式计算：

$$\rho_{dmax}=\eta\frac{\rho_w d_s}{1+0.01w_{op}d_s} \tag{1-4}$$

式中：ρ_{dmax}——压实填土的最大干密度，t/m^3；

η——经验系数，对于黏土取 0.95；粉质黏土取 0.96；粉土取 0.97；

ρ_w——水的密度，t/m^3，取 $\rho_w=1$；

d_s——土的相对密度，t/m^3，一般取黏土 2.74～2.76；粉质黏土 2.72～2.73；粉土 2.70～2.71；砂土 2.65～2.69；或由试验求得；

w_{op}——土的最优含水量，%，可按当地经验或取 $w_{op}=w_p+2$（w_p 为土的塑限）；粉土取 14%～18%，或按表 1-15 采用。

土的最优含水量和最大干密度参考表 表 1-15

项 次	土 的 种 类	变 动 范 围	
		最优含水量%(质量比)	最大干密度(t/m^3)
1	砂土	8～12	1.80～1.88
2	黏土	19～23	1.58～1.70
3	粉质黏土	12～15	1.85～1.95
4	粉土	16～22	1.61～1.80

注：1. 表中土的最大密度应以现场实际达到的数字为准。

2. 一般性的回填可不作此项测定。

3. 当压实填土为碎石或卵石时，其最大密度可取 2.0～2.2t/m^3。

1.4.2 填土土料需补充水量

填土时，土料的含水量应控制在最优含水量范围内。只有在最优含水量范围内，才能使土的压实效果最好，在一定的压实功能条件下，土最容易压实，并能达到最大密度获得最大干密度。当土料含水量过低时，应洒水进行润湿，每 m^3 铺好的土内需要补充的水量可按下式计算：

$$V = \frac{\rho_w}{1+w}(w_{op} - w) \quad (1\text{-}5)$$

式中：V——单位体积内需要补充的水量，L/m^3；

w——土的天然含水量(以小数计)；

ρ_w——碾压或夯实前(含水量为 w 时)土的密度，t/m^3；

w_{op}——土的最优含水量(以小数计)，根据击实试验确定，如无试验资料，可参考表1-15选用。

1.4.3 填土施工时的分层厚度及压实遍数

填土施工时的分层厚度及压实遍数见表1-16。

分层厚度及压实遍数 表1-16

压实机具	分层厚度(mm)	每层压实遍数
平碾	250～300	6～8
振动压实机	250～350	3～4
柴油打夯机	200～250	3～4
人工打夯	<200	3～4

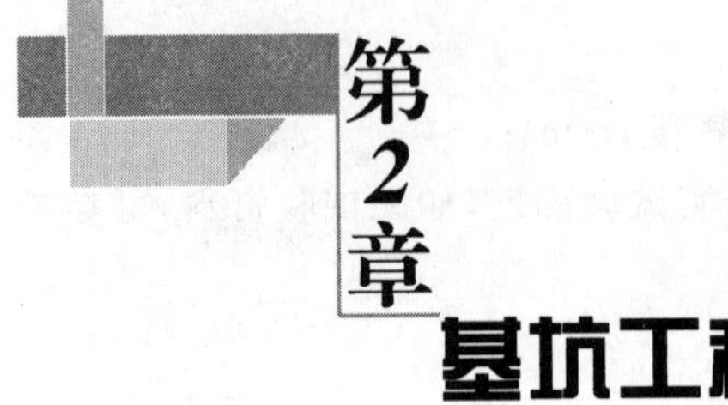

第2章 基坑工程

2.1 基坑工程开挖计算

2.1.1 工程概况

深圳某科技大厦，占地面积4400m^2，主楼地上39层，地面以上高149.2m；裙楼5层，框架-剪力墙结构。主、裙楼地下室2层，基坑尺寸62.41m×64.6m，基坑开挖深度10.55m，核心筒部分开挖深度12m。基坑北侧距深南中路20m；东侧紧靠福虹路，其路面下埋设有排污管道及通信电缆；南侧紧临福田大厦之进出车通道，通道下有旧建筑之排污管线；西侧与福田大厦间隔距离5m，中间有地下公共煤气管线穿过。场地地层：表层为人工填土；基岩为花岗岩；中间地层（自上而下）见表2-1。地下水主要埋藏在第四系土层内，为上层滞水，燕山期花岗岩（强风化）中另存有裂隙水。

场地土层土性特征　　表2-1

土层名称	厚度(m)	与设计有关的土性指标			
		γ(g/cm^3)	c(kPa)	φ(°)	K(cm/s)
粉质黏土	0.5～5.5	1.93	33.5	30.75	5.0×10^{-5}
黏土	1.0～5.7	1.87	42.8	30.6	2.0×10^{-5}
砾质黏土	0.6～9.0	1.81	53	32.5	4.0×10^{-5}
砾质粉质黏土	10.5～41	1.78	27.5	34.1	5.0×10^{-5}

2.1.2 护坡桩设计计算

1.设计指导思想

在深基坑开挖过程中主要解决地下水的处理和挡土两个方面的问题。由于该场地土层 K 较小（表2-1），结合基坑开挖揭露土层的土性，综合分析认为：

(1)降水不会引起附近建筑物和道路大的沉陷，能保证周围建筑物、道路及地下管线的正常使用。

(2)用人工挖孔桩作支护挡土结构，可以避免冲、钻孔灌注桩形成大量泥浆需要处理的问题，节约费用(用挖孔桩做支护结构是冲、钻孔灌注桩做支护结构综合费用的 80%)，施工文明。

(3)利用挖孔桩本身做抽水井，可节约深井井点降水费用。

(4)由于采用周边封闭式降水，故在进行支护结构计算时，不考虑地下水对护坡桩产生的水平推力。

2. 设计计算

(1)设计取值：地面荷载 $q=20\text{kPa}$；挖土深度 $H=10.5\text{m}$；土性指标 $\phi=25°$；$C=22\text{kPa}$。

(2)计算简图

图 2-1 中：$AB=H'=\frac{1}{\gamma}\left(\frac{2C}{\sqrt{K_a}}-q\right)$

$$CD=\gamma(H-H')K_a$$

$$ED=2C\sqrt{K_P}$$

$$CE=\gamma(H-H')K_a-2C\sqrt{K_P}$$

$$OG=\gamma\cdot t_1(K_P-K_a)-\gamma(H-H')K_a+2C\sqrt{K_P}$$

$$CF=a=\frac{\gamma(H-H')K_a-2C\sqrt{K_P}}{\gamma(K_P-K_a)}$$

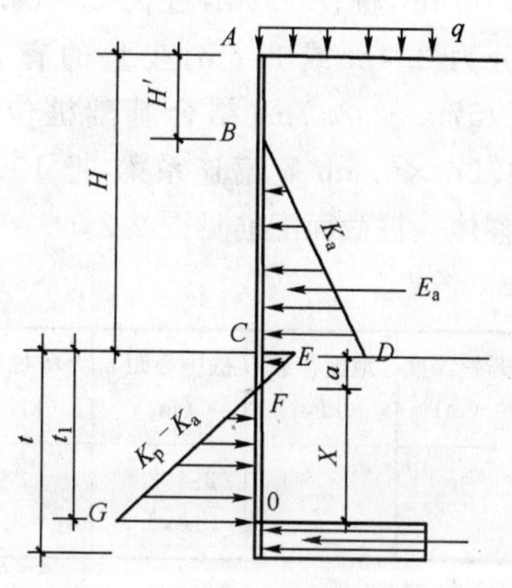

图 2-1　计算简图

(3)计算步骤

①求嵌固深度 t_1。通过对 0 点取矩(不计 E_p 对 0 点的力矩)，使 0 点以上各主、被动土压力分别对 0 点的力矩之和为零。

$$M_{t1}=\left[\frac{1}{3}(H-H')+t_1\right]\cdot E_a-\frac{1}{6}\gamma(K_P-K_a)t_1^3-C\sqrt{K_p}\cdot t_1^2+\frac{1}{2}\gamma K_a(H-H')t_1^2=0$$

可以得出 t_1，即为支护桩的计算嵌固深度，而实际的嵌固深度则采用 $t=1.2t_1$。

②选定护坡桩的桩身截面及中心距，并绘出桩身弯矩图，结合弯矩图进行桩身配筋计算。

③计算桩顶水平位移 Y 根据下式：

$$Y=\frac{E_a+\beta\cdot M}{2B_d\cdot\beta^3}+\frac{E_a+2\beta\cdot M}{2B_d\cdot\beta^2}\cdot H+\frac{P_o H^4}{30B_d}$$

式中：$\beta=\sqrt[4]{\frac{E_0}{4B_d}}$；

$B_d=E\cdot I$；

$M=\frac{1}{3}(H-H')E_a$；

E_0——土的变形模量；

E_a——基坑开挖面以上主动土压力，$E_a=1/2I\cdot b\cdot K_a(H-H')^2$；

I——桩中心距；

H——基坑开挖深度。

④计算结果：见表2-2。

基坑平面尺寸62.4m×64.6(66.35)m，总长度为257.6m，桩径1.2m，桩长$L=16.65$m，桩中心距大部分为2.4m或2.6m，少量的有2.0m、2.3m、2.5m、2.57m及2.7m（结合基础桩位置布置），桩顶设有1.2m×0.6m宽扁连系梁，把106根护坡桩连成一个整体。桩截面配筋见图2-2。

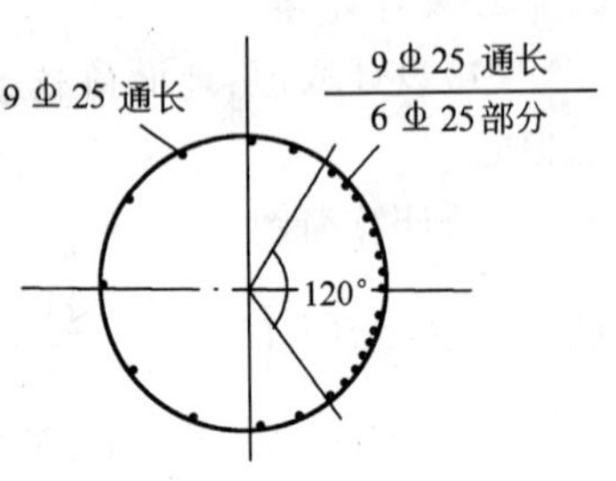

图2-2 桩截面配筋

计算结果汇总表

表2-2

开挖深度(m)	地面荷载(kPa)	桩中心距b(m)	单桩M_{max}(kN·m)	N_{min}(kN·m)	嵌固深度(m)	桩顶连系梁断面(m^2)	桩顶位移(m)
10.55	20	2.4,2.5 2.0,2.7	2326 ($t_1=3.0$m处)	0 ($t_1=6.2$m处)	7.45	1.2×0.6	9.41×10^{-2}

2.1.3 基坑开挖情况

1. 桩顶水平位移

随着基坑的开挖，进行了系统的护坡桩桩顶水平位移观测，从观测结果来看，桩顶水平位移与土方开挖深度有很大关系，一般来说继续向深处开挖，位移就相应发展，停止开挖，位移也很快停止。总的位移量为23～85mm，有着跨中较大、角点段较小的规律，位移最大值小于设计计算值。

2. 周围道路及建筑物沉降情况

(1)基坑南侧通道，在挖土完成后，沿路面中间伸缩缝处（距护坡桩4.2m）出现一条约1cm宽的裂缝，路面沉降量最大值约5cm，事后再无发展，经处理后未影响使用。

(2)其他三面未发现土体滑移裂缝。西侧地下煤气管道及东、南侧排污管道和电缆沟均未受到任何损坏。

(3)福田大厦为 23 层写字楼,冲孔桩基础,持力层为微风化岩层,沉降量为零。

3. 桩间土稳定情况

本设计桩间净距 0.5~1.2m,大部分为 0.9m 或 1.1m,95%以上的桩间土采用本设计的处理办法是完全成功的,仅东侧靠北段,挖桩过程中排污管道漏水致使桩周土体扰动范围大,挖出基坑内土方后,于 1992 年 11 月 4 日发现有 3 个桩间土体在基坑底面以上约 1m 处形成空洞,孔深约 1.5m,同时看到土随水一起缓缓流出。11 月 5 日台风降雨,受雨水冲刷,到 11 月 8 日孔洞已达 2m 多高,经设计、施工单位共同研究决定,外砌砖、内灌干砂后灌混凝土填实,未造成不良后果。

2.2 基坑工程支护结构计算

2.2.1 工程概况

拟建的南京某大厦,主楼最高 28 层,裙楼地面 4 层,地下室 1~2 层,建筑面积 50000m^2,基坑开挖深度 8.7m,基坑面积 6000m^2。

根据本工程的地质勘察报告,地貌类型为长江漫滩,基坑开挖深度范围内土层分布大致为:①-1 层素填土;①-2 层淤泥质填土;②层粉土~粉砂;③层淤泥质粉质黏土;④层粉质黏土。

各土层的设计计算参数见表 2-3。

各土层的设计计算参数表　　表 2-3

土　层	r(kN/m^3)	c(kPa)	φ(°)
①-1 层素填土	(18.0)	(10.0)	(10.0)
②层粉土~粉砂	18.8	11.1	24.2
③层淤泥质粉质黏土	18.0	15.4	12.6
④层粉质黏土	20.2	27.8	17.6

注:( )括号内为经验值。

该建筑场地的地下水为潜水,水位变化受大气降水和地表水补给。埋深 0.6~0.9m,含水层厚度约 15m。

2.2.2 土压力系数计算

把朗肯土压力计算理论作为土侧向压力设计的计算依据,即:

主动土压力系数:$K_{ai}=\tan^2(45°-\phi_i/2)$

被动土压力系数:$K_{pi}=\tan^2(45°+\phi_i/2)$

表 2-4 为该工程各土层土压力系数表。

土压力系数表 表 2-4

土　层	主动土压力系数	被动土压力系数
①-1	$K_{a1}=0.704$　$\sqrt{K_{a1}}=0.839$	
②	$K_{a2}=0.419$　$\sqrt{K_{a2}}=0.647$	$K_{p2}=2.389$　$\sqrt{K_{p2}}=1.546$
③	$K_{a3}=0.642$　$\sqrt{K_{a3}}=0.801$	$K_{p3}=1.558$　$\sqrt{K_{p3}}=1.248$
④	$K_{a4}=0.536$　$\sqrt{K_{a4}}=0.732$	$K_{p4}=1.867$　$\sqrt{K_{p4}}=1.366$

计算时，不考虑支护桩体与土体的摩擦作用，且不对主、被动土压力系数进行调整，仅作为安全储备处理。

2.2.3 土层侧向压力计算的约定

本设计充分考虑到各岩土层的透水性、弱透水性以及场地的其他岩土工程条件，在土层侧向压力计算时，针对各土层情况(见表 2-3、表 2-4、表 2-5)分别采用水土合算、水土分算进行计算。

2.2.4 基坑 *ABB′CC′D* 钻孔桩支护挡墙设计计算

该段基坑开挖深度 8.7m，地面超载取 20kPa。

土层与地质对应表 表 2-5

土　层	①-1	②	③	④
层厚(m)	2.0	8.0	5.0	8.0

1. 第一道支撑力计算

(1)土层侧向土压力计算

设计第一道支撑位置为－1.4m，以第二道支撑设置挖深－5.5m 计算(图 2-3)。

①主动土压力强度计算

$e_{a11}=20\times0.704-2\times10\times0.839=-2.7(\text{kPa})$

$e_{a12}=(20+18.0\times2.0)\times0.704-2\times10\times0.839=22.6(\text{kPa})$

$e_{a21}=(20+18.0\times2.0)\times0.419-2\times11.1\times0.647+[(2.0-1.0)-(2.0-1.0)\times0.419]\times9.8=14.8(\text{kPa})$

$e_{a22}=(20+18.0\times2.0+18.8\times3.5)\times0.419-2\times11.1\times0.647+[(5.5-1.0)-(5.5-1.0)\times0.419]\times9.8=62.3(\text{kPa})$

$e_{a31}=(20+18.0\times2.0+18.8\times3.5)\times0.419-2\times11.1\times0.647+[(5.5-1.0)-(5.5-1.0)\times0.419]\times9.8=62.3(\text{kPa})$

$e_{a32}=(20+18.0\times2.0+18.8\times3.5+18.8\times4.5)\times0.419-2\times11.1\times0.647+[(10.0-1.0)-(5.5-1.0)\times0.419]\times9.8=141.8(\text{kPa})$

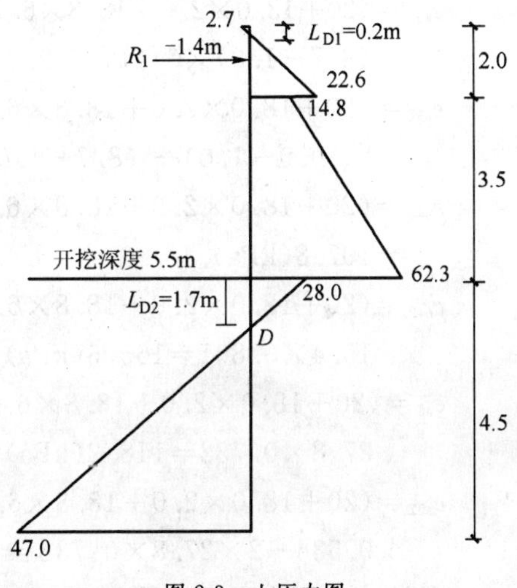

图 2-3 土压力图

②被动土压力强度计算

$e_{p11}=2\times11.1\times1.546=34.3(\text{kPa})$

$e_{p12}=(18.8\times4.5)\times2.389+2\times11.1\times1.546+(4.5-1.0)\times(1-2.389)\times9.8=188.8(\text{kPa})$

③净土压力强度计算

$e_{p11}-e_{a31}=34.3-62.3=-28.0(\text{kPa})$

$e_{p12}-e_{a32}=188.8-141.8=47.0(\text{kPa})$

④各土层土压力合力和作用点的计算

根据前面计算可得

$L_{D1}=2.7\times2/(2.7+22.6)=0.2\text{m}$

$E_{a1}=1/2\times22.6\times(2.0-0.2)=20.3\text{kPa}$

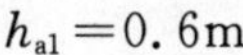

$h_{a1}=0.6\text{m}$

$E_{a2}=1/2\times(14.8+62.3)3.5=134.9\text{kPa}$

$h_{a2}=1.4\text{m}$

$L_{D1}=28\times4.5/(28+47)=1.7\text{m}$

$E_{a3}=1/2\times28\times1.7=23.8\text{kPa}$

$h_{a3}=1.1\text{m}$

⑤支撑轴力计算

支撑轴线位于自然地面下1.4m处，弯矩零点 D 点位于基坑底面下1.9m处，支点力 R_1 为：

$$R_1\times(2.0-1.4+3.5+1.7)=20.3\times(0.6+3.5+1.7)+134.9\times(1.4+1.7)+23.8\times1.1$$

解得：$R_1=97\text{kN/m}$

2.第二道支撑力计算

(1)土层侧向土压力计算

设计第二道支撑位置为−4.4m，以挖深至基坑底面−8.7m计算(图2-4)。

①主动土压力强度计算

$e_{a11}=20\times0.704-2\times10\times0.839=-2.7(\text{kPa})$

$e_{a12}=(20+18.0\times2.0)\times0.704-2\times10\times0.839=22.6(\text{kPa})$

$e_{a21}=(20+18.0\times2.0)\times0.419-2\times11.1\times0.647+[(2.0-1.0)-(2.0-1.0)\times0.419]\times9.8=14.8(\text{kPa})$

$e_{a22}=(20+18.0\times2.0+18.8\times6.7)\times0.419-2\times11.1\times0.647+[(8.7-1.0)-(8.7-1.0)\times0.419]\times9.8=105.7(\text{kPa})$

$e_{a31}=(20+18.0\times2.0+18.8\times6.7)\times0.419-2\times11.1\times0.647+[(8.7-1.0)-(8.7-1.0)\times0.419]\times9.8=105.7(\text{kPa})$

$e_{a32}=(20+18.0\times2.0+18.8\times6.7+18.8\times1.3)\times0.419-2\times11.1\times0.647+[(10.0-1.0)-(8.7-1.0)\times0.419]\times9.8=128.7(\text{kPa})$

$e_{a41}=(20+18.0\times2.0+18.8\times6.7+18.8\times1.3)\times0.642-2\times15.4\times0.801=107.8(\text{kPa})$

$e_{a42}=(20+18.0\times2.0+18.8\times6.7+18.8\times1.3+18.0\times5.0)\times0.642-2\times15.4\times0.801=165.6(\text{kPa})$

$e_{a5}=(20+18.0\times2.0+18.8\times6.7+18.8\times1.3+18.0\times5.0)\times0.536-2\times27.8\times0.732=118.2(\text{kPa})$

$e_{a52}=(20+18.0\times2.0+18.8\times6.7+18.8\times1.3+18.0\times5.0+20.2\times8.0)\times0.536-2\times27.8\times0.732=204.8(\text{kPa})$

②被动土压力强度计算

$e_{p11}=2\times11.1\times1.546=34.3(\text{kPa})$

$e_{p12}=(18.8\times1.3)\times2.389+2\times11.1\times1.546+(1.3-1.0)\times(1-2.389)\times9.8=88.6(\text{kPa})$

$e_{p21}=(18.8\times1.3)\times1.558+2\times15.4\times1.248=76.5(\text{kPa})$

$e_{p22}=(18.8\times1.3+18.0\times5.0)\times1.558+2\times15.4\times1.248=216.7(\text{kPa})$

$e_{p31}=(18.8\times1.3+18.0\times5.0)\times1.867+2\times27.8\times1.366=289.6(\text{kPa})$

$e_{p32}=(18.8\times1.3+18.0\times5.0+20.2\times8.0)\times1.867+2\times27.8\times1.366=591.3(\text{kPa})$

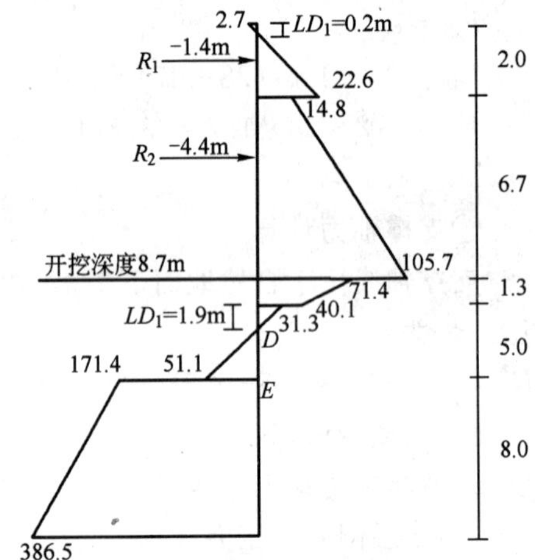

图 2-4　土压力图(尺寸单位:m;土压力单位:kPa)

③净土压力强度计算

$E_{p11}-E_{a31}=34.3-105.7=-71.4(\text{kPa})$

$E_{p12}-E_{a32}=88.6-128.7=-40.1(\text{kPa})$

$E_{p21}-E_{a41}=76.5-107.8=-31.3(\text{kPa})$

$E_{p22}-E_{a42}=216.7-165.6=51.1(\text{kPa})$

$E_{p31}-E_{a51}=289.6-118.2=171.4(\text{kPa})$

$E_{p32}-E_{a52}=591.3-204.8=386.5(\text{kPa})$

(2)各土层土压力合力和作用点的计算

据前面计算可得：

$L_{D1}=2.7\times2/(2.7+22.6)=0.2(\text{m})$

$E_{a1}=1/2\times22.6\times(2.0-0.2)=20.3(\text{kN/m})$

$h_{a1}=0.6(\text{m})$

$E_{a2}=1/2\times(14.8+105.7)\times6.7=403.7(\text{kN/m})$

$h_{a2}=2.5(\text{m})$

$E_{a3}=1/2\times(71.4+40.1)\times1.3=72.5(\text{kN/m})$

$h_{a3}=0.6(\text{m})$

$L_{D2}=31.3\times5/(31.3+51.1)=1.9(\text{m})$

$E_{a4}=1/2\times31.3\times1.9=29.7(\text{kN/m})$

$h_{a4}=1.3(\text{m})$

$E_{p1}=1/2\times51.1\times(5.0-1.9)=79.2(\text{kN/m})$

$h_{p1}=1.0(\text{m})$

(3)支撑轴力计算

已知 $R_1=97\text{kN/m}$,弯矩零点 D 点位于基坑底面下 3.2m 处,支点力 R_2 为:

$$R_1\times(2.0-1.4+6.7+3.2)+R_2\times(8.7-4.4+3.2)$$
$$=20.3\times(0.6+6.7+3.2)+403.7\times(2.5+3.2)+72.5\times(0.6+1.9)+29.7\times1.3$$

解得 $R_2=228.7\text{kN/m}$

D 点反力为:

$P_0=(20.3+403.7+72.5+29.7)-97-228.7=200.5(\text{kN/m})$

(4)桩长计算

设桩端进入 E 点下 tm 处,该处土压力:$e_{pt}=171.4+26.9t$

$$79.2\times(1.0+t)+171.4t^2/2+26.9t^3/6=200.5\times(3.1+t)+4.48t^3+85.7t^2-121.3t-542.4=0$$

解得 $t=3.0\text{m}$

则支护结构总长度 $L=h+x+1.2t=8.7+1.3+1.9+1.2\times(3.1+3.0)$

$=19.2(\text{m})$,取 19.5m。

故支护结构的有效桩长实际可取为:

圈梁顶位于地面下 1.0m,圈梁高 0.8m,则有效桩长:

$$L'=19.5-1.0-0.8=17.7(\text{m})$$

(5)最大弯矩计算

①$R_1\sim R_2$ 之间最大弯矩计算

已知 $R_1=97\text{kN/m}$,设剪力 $Q=0$ 点位于②层顶面下 x_1 m 处。

此处土压力:$e_{ax}=14.8+13.6x_1$

$$97=20.3+14.8x_1+6.8x_1^2$$

$$6.8x_1^2+14.8x_1-76.7=0$$

解得： $x_1=2.44\text{m}$

$M_{max1}=20.3\times(0.6+2.44)+(14.8\times2.44^2/2+13.6\times2.44^3/6)-97.0\times(2.0-1.4+2.44)=-156.2(\text{kN}\cdot\text{m/m})$

②$R_2\sim P_0$ 之下最大弯矩

已知 $R_1=97\text{kN/m}$,$R_2=228.7\text{kN/m}$,设剪力 $Q=0$ 点②层顶面下 x_2 m 处。

此处土压力：$e_{px}=14.8+13.6x_2$

$$97+228.7=20.3+14.8x_1+6.8x_2^2$$

$$6.8x_2^2+14.8x_2-305.4=0$$

解得： $x_2=5.7\text{m}$

$M_{max2}=20.3\times(0.6+5.7)+(14.8\times5.7^2/2+13.6\times5.7^3/6)-97\times(2.0+5.7-1.4)-228.7\times(2.0+5.7-4.4)=-577.7(\text{kN}\cdot\text{m/m})$

③P_0 之下最大弯矩

已知 $P_0=200.5\text{kN/m}$,设剪力 $Q=0$ 点位于 E 下 x_2m 处。

此处土压力：$e_{px}=171.4+26.9x_2$

$$200.5=79.2+171.4x_2+13.45x_2^2$$

$$13.45x_2^2+171.4x_2-121.3=0$$

解得： $x_2=0.67\text{m}$

$M_{max3}=200.5\times(3.1+0.67)-79.2\times(1.0+0.67)-171.4\times0.67^2/2-26.9\times0.67^3/6=583.8(\text{kN}\cdot\text{m/m})$

(6)拆撑计算

①地下室顶板浇筑完工达到一定强度后拆除第二道支撑(－4.4m)，已知一层地下室板厚加垫层厚为 1.2m，则基础底板以上桩长度为 7.5m。则计算模型可简化为底板处固支、第一道支撑(－1.4m)处简支的弹性梁，此为超静定结构，采用 ANSYS5.0 有限元程序计算，结果如下：

由有限元计算分析可知 $R_1=85.2$ kN/m，设剪力 $Q=0$ 点位于②层顶面下 x_1m 处。

此处土压力：$e_{ax}=14.8+13.6x_1$

$$85.2=20.3+14.8x_1+6.8x_1^2$$

$$6.8x_1^2+14.8x_1-64.9=0$$

解得： $x_1=2.2\text{m}$

$M_{max4}=20.3\times(0.6+2.2)+(14.8\times2.2^2/2+13.6\times2.2^3/6)-85.2\times(2.0-1.4+2.2)=-121.8(\text{kN}\cdot\text{m/m})$

②地下室顶板浇筑完工达到一定强度后拆除第一道支撑(－1.4m)，在－4.4m 处加混凝土垫块，则计算模型可简化为底板处固支、第二道支撑(－4.4m)处简支的

弹性梁，此为超静定结构，采用 ANSYS5.0 有限元程序计算，结果如下：

由有限元计算分析可知 $R_2=243.7\text{kN/m}$，设剪力 $Q=0$ 点②层顶面下 x_2m 处。

此处土压力：$e_{px}=14.8+13.6x_2$

$$243.7=20.3+14.8x_2+6.8x_2^2$$

$$6.8x_2^2+14.8x_2-223.4=0$$

解得：$x_2=4.7\text{m}$

$$M_{max2}=20.3\times(0.6+4.7)+(14.8\times4.7^2/2+13.6\times4.7^3/6)-243.7\times(2.0+4.7-1.4)=-785.2(\text{kN}\cdot\text{m/m})$$

由计算可知，在拆除第一道支撑（−1.4m）时支护桩体弯矩较大，因此地下室外墙与基坑壁之间需要回填（至−4.4m 处），由此消除拆撑后土压力对桩体产生的过大弯矩。

(7)配筋计算

根据前面的计算，取桩身最大作用弯矩 $M_{max}=-583.8\text{kN}\cdot\text{m}$，选择支护桩桩径 Φ800，桩中心距 1.0m，混凝土 C25，主筋为 HRB335，16Φ22。

$A_s=16\times380.1=6081.6(\text{mm}^2)$

$F_Y\times A_s/f_c\times A=0.305$

$\alpha=1+0.75\times0.305-[(1+0.75\times0.305)^2-0.5-0.625\times0.305]^{1/2}=0.324$

$\alpha_t=1.25-2\alpha=0.603$

$$[M]=2/3\times11.9\times(400\times\sin\pi\alpha)^3+300\times350\times6081.6\times(\sin\pi\alpha t+\sin\pi\alpha)/\pi=678(\text{kN}\cdot\text{m/m})>1.15\times1.0M_{max}=671.4(\text{kN}\cdot\text{m/m})$$

2.2.5　基坑 *DD*′、*EE*′*A* 段钻孔桩支护挡墙设计计算

基坑开挖深度 8.7m，地面超载取 30kPa。土层与地质对应表见表 2-6。

土层与地质对应表　　表 2-6

土　层	①-1	②	③	④
层厚(m)	2.0	8.0	5.0	8.0

1. 第一道支撑力计算

(1)土层侧向土压力计算（图 2-5）

设计第一道支撑位置为−1.4m，以第二道支撑设置挖深−5.5m 计算。

①主动土压力强度计算

$e_{a11}=30\times0.704-2\times10\times0.839=4.3(\text{kPa})$

$e_{a12}=(30+18.0\times2.0)\times0.704-2\times10\times0.839=29.7(\text{kPa})$

$e_{a21}=(30+18.0\times2.0)\times0.419-2\times11.1\times0.647+[(2.0-1.0)-(2.0-1.0)\times0.419]\times9.8=19.0(\text{kPa})$

$e_{a22}=(30+18.0\times2.0+18.8\times3.5)\times0.419-2\times11.1\times0.647+[(5.5-1.0)-(5.5-1.0)\times0.419]\times9.8=66.5(\text{kPa})$

$e_{a31}=(30+18.0\times2.0+18.8\times3.5)\times0.419-2\times11.1\times0.647+[(5.5-1.0)-(5.5-1.0)\times0.419]\times9.8=66.5(\text{kPa})$

$e_{a32}=(30+18.0\times2.0+18.8\times3.5+18.8\times4.5)\times0.419-2\times11.1\times0.647+[(10.0-1.0)-(5.5-1.0)\times0.419]\times9.8=146.0(\text{kPa})$

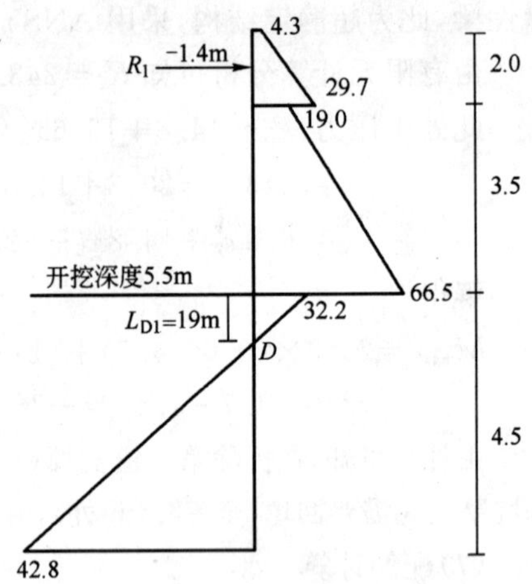

图 2-5　土压力图(尺寸单位:m;土压力单位:kPa)

②被动土压力强度计算

$e_{p11}=2\times11.1\times1.546=34.3(\text{kPa})$

$e_{p12}=(18.8\times4.5)\times2.389+2\times11.1\times1.546+(4.5-1.0)\times(1-2.389)\times9.8=188.8(\text{kPa})$

③净土压力强度计算

$e_{p11}-e_{a31}=34.3-66.5=-32.2(\text{kPa})$

$e_{p12}-e_{a32}=188.8-146.0=42.8(\text{kPa})$

(2)各土层土压力合力和作用点的计算

据前面计算可得:

$E_{a1}=1/2\times(4.3+29.7)\times2.0=34.0(\text{kN/m})$

$h_{a1}=0.75\text{m}$

$E_{a2}=1/2\times(19.0+66.5)\times3.5=149.6(\text{kN/m})$

$h_{a2}=1.4\text{m}$

$L_{D1}=32.2\times4.5/(32.2+42.8)=1.9(\text{m})$

$E_{a3}=1/2\times32.2\times1.9=30.6(\text{kN/m})$

$h_{a3}=1.3\text{m}$

(3)支撑轴力计算

支撑轴线位于自然地面下 1.4m 处,弯矩零点 D 点位于基坑底面下 1.9m 处,支点力 R_1 为。

$R_1\times(2.0-1.4+3.5+1.9)=34.0\times(0.75+3.5+1.9)+149.6\times(1.4+1.9)+30.6\times1.3$

解得　　$R_1=123.8\text{kN/m}$

2. 第二道支撑力计算

(1)土层侧向土压力计算(图 2-6)

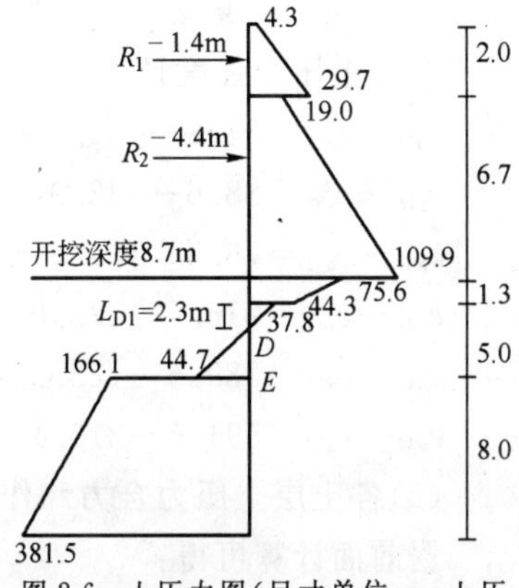

图 2-6　土压力图(尺寸单位:m;土压力单位:kPa)

设计第二道支撑位置为−4.4m,以挖深至基坑底面−8.7m 计算。

①主动土压力强度计算

$e_{a11}=30\times0.704-2\times10\times0.839=4.3(\text{kPa})$

$e_{a12}=(30+18.0\times2.0)\times0.704-2\times10\times0.839=29.7(\text{kPa})$

$e_{a_{21}}=(30+18.0\times2.0)\times0.419-2\times11.1\times0.647+[(2.0-1.0)-(2.0-1.0)\times0.419]\times9.8=19.0(\text{kPa})$

$e_{a22}=(30+18.0\times2.0+18.8\times6.7)\times0.419-2\times11.1\times0.647+[(8.7-1.0)-(8.7-1.0)\times0.419]\times9.8=109.9(\text{kPa})$

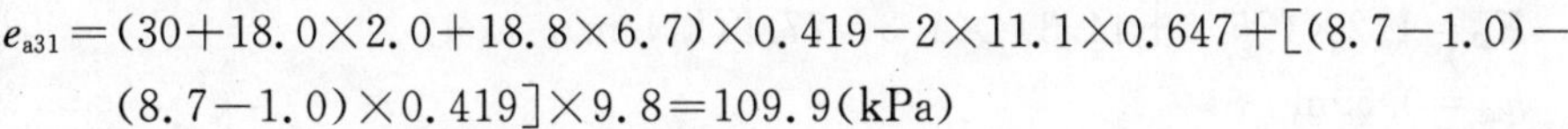

$e_{a31}=(30+18.0\times2.0+18.8\times6.7)\times0.419-2\times11.1\times0.647+[(8.7-1.0)-(8.7-1.0)\times0.419]\times9.8=109.9(\text{kPa})$

$e_{a32}=(30+18.0\times2.0+18.8\times6.7+18.8\times1.3)\times0.419-2\times11.1\times0.647+[(10.0-1.0)-(8.7-1.0)\times0.419]\times9.8=132.9(\text{kPa})$

$e_{a41}=(30+18.0\times2.0+18.8\times6.7+18.8\times1.3)\times0.642-2\times15.4\times0.801=114.3(\text{kPa})$

$e_{a42}=(30+18.0\times2.0+18.8\times6.7+18.8\times1.3+18.0\times5.0)\times0.642-2\times15.4\times0.801=172.0(\text{kPa})$

$e_{a51}=(30+18.0\times2.0+18.8\times6.7+18.8\times1.3+18.0\times5.0)\times0.536-2\times27.8\times0.732=123.5(\text{kPa})$

$e_{a52}=(30+18.0\times2.0+18.8\times6.7+18.8\times1.3+18.0\times5.0+20.2\times8.0)\times0.536-2\times27.8\times0.732=210.1(\text{kPa})$

②被动土压力强度计算

$e_{p11}=2\times11.1\times1.546=34.3(\text{kPa})$

$e_{p12}=(18.8\times1.3)\times2.389+2\times11.1\times1.546+(1.3-1.0)\times(1-2.389)\times9.8=88.6(\text{kPa})$

$e_{p21}=(18.8\times1.3)\times1.558+2\times15.4\times1.248=76.5(\text{kPa})$

$e_{p22}=(18.8\times1.3+18.0\times5.0)\times1.558+2\times15.4\times1.248=216.7(\text{kPa})$

$e_{p31}=(18.8\times1.3+18.0\times5.0)\times1.867+2\times27.8\times1.366=289.6)(\text{kPa})$

$e_{p32}=(18.8\times1.3+18.0\times5.0+20.2\times8.0)\times1.867+2\times27.8\times1.366$

$=591.3(\text{kPa})$

③净土压力强度计算

$e_{p11}-e_{a31}=34.3-109.9=-75.6(\text{kPa})$

$e_{p12}-e_{a32}=88.6-132.9=-44.3(\text{kPa})$

$e_{p21}-e_{a41}=76.5-114.3=-37.8(\text{kPa})$

$e_{p22}-e_{a42}=216.7-172.0=44.7(\text{kPa})$

$e_{p31}-e_{a51}=289.6-123.5=166.1(\text{kPa})$

$e_{p32}-e_{a52}=591.6-210.1=381.5(\text{kPa})$

(2)各土层土压力合力和作用点的计算

据前面计算可得：

$E_{a1}=1/2\times(4.3+29.7)\times2.0=34.0(\text{kN/m})$

$h_{a1}=0.75\text{m}$

$E_{a2}=1/2\times(19.0+109.9)\times6.7=431.8(\text{kN/m})$

$h_{a2}=2.56\text{m}$

$E_{a3}=1/2\times(75.6+44.3)\times1.3=77.9(\text{kN/m})$

$h_{a3}=0.59\text{m}$

$L_{D1}=37.8\times5/(37.8+44.7)=2.3(\text{m})$

$E_{a4}=1/2\times37.8\times2.3=43.5(\text{kN/m})$

$h_{a4}=1.53\text{m}$

$E_{p1}=1/2\times44.7\times(5.0-2.3)=60.3(\text{kN/m})$

$h_{p1}=0.9\text{m}$

(3)支撑轴力计算

已知 $R_1=123.8\text{kN/m}$，弯矩零点 D 点位于基坑底面下 3.6m 处，支点力 R_2 为：

$R_1\times(2.0-1.4+6.7+3.6)+R_2\times(8.7-4.4+1.3+2.3)=34.0\times(0.75+6.7+3.6)\times(2.56+3.6)+77.9\times(0.59+2.3)+43.5\times1.53+431.8$

解得 $R_2=250.4\text{kN/m}$

D 点反力为：

$P_0=(34.0+431.8+77.9+43.5)-123.8-250.4=213(\text{kN/m})$

(4)桩长计算

设桩端进入 E 点下 tm 处。

该处土压力：$e_{pt}=166.1+26.9t$

$$60.3\times(0.9+t)+166.1t^2/2+26.9t^3/6=21^3\times(2.7+t)$$

$$4.48t^3+83.1t^2-152.7t-520.8=0$$

解得 $t=3.2\text{m}$

则支护结构总长度 $L=h+x+1.2t=8.7+1.3+2.3+1.2\times(2.7+3.2)=19.4(\mathrm{m})$，取 19.5m。

故支护结构的有效桩长实际可取为圈梁顶位于地面下 1.0m，圈梁高 0.8m，则有效桩长：

$$L'=19.5-1.0-0.8=17.7(\mathrm{m})$$

(5)最大弯矩计算

①$R_1 \sim R_2$之间最大弯矩计算

已知 $R_1=123.8\mathrm{kN/m}$，设剪力 $Q=0$ 点位于②层顶面下 $x_1\mathrm{m}$ 处。

此处土压力：$e_{ax}=19.0+13.6x_1$

$$123.8=34.0+19.0x_1+6.8x_1^2$$

$$6.8x_1^2+19x_1-89.8=0$$

解得：

$$x_1=2.49\mathrm{m}$$

$$M_{\max1}=34.0\times(0.75+2.49)+(19.0\times2.49^2/2+13.6\times2.49^3/6)-123.8\times(2.0-1.4+2.49)=-178.5(\mathrm{kN\cdot m/m})$$

②$R_2 \sim P_o$之下最大弯矩

已知 $R_1=123.8\mathrm{kN/m}$，$R_2=250.4\mathrm{kN/m}$，设剪力 $Q=0$ 点②层顶面下 $x_2\mathrm{m}$ 处。

此处土压力：$e_{px}=19.0+13.6x_2$

$$123.8+250.4=34.0+19.0x_2+6.8x_2^2$$

$$6.8x_2^2+19x_2-340.2=0$$

解得：

$$x_2=5.8\mathrm{m}$$

$$M_{\max2}=34.0\times(0.75+5.8)+(19.0\times5.8^2/2+13.6\times5.8^3/6)-123.8\times(2.0+5.8-1.4)-250.4\times(2.0+5.8-4.4)=-659.1(\mathrm{kN\cdot m/m})$$

③P_0 之下最大弯矩

已知 $P_0=213\mathrm{kN/m}$，设剪力 $Q=0$ 点位于 E 下 $x_2\mathrm{m}$ 处。

此处土压力：$e_{px}=166.1+26.9x_2$

$$213=60.3+166.1x_2+13.45x_2^2$$

$$13.45x_2^2+166.1x_2+152.7=0$$

解得：

$$x_2=0.86\mathrm{m}$$

$$M_{\max3}=213\times(2.7+0.86)-60.3\times(0.9+0.86)-166.1\times0.86^2/2-26.9\times0.86^3/6=587.9(\mathrm{kN\cdot m/m})$$

(6)拆撑计算

①地下室顶板浇筑完工等到一定强度后拆除第二道支撑(−4.4m)，已知一层地下室板厚加垫层厚为 1.2m，则基础底板以上桩长度为 7.5m。则计算模型可简化为底板处固支、第一道支撑(−1.4m)处简支的弹性梁，此为超静定结构，采用 AN-

SYS5.0有限元程序计算,结果如下:

由有限元计算分析可知 $R_1=128.7\text{kN/m}$,设剪力 $Q=0$ 点位于②层顶面下 x_1m处。

此处土压力:$e_{ax}=19.0+13.6x_1$

$$128.7=34.0+19.0x_1+6.8x_1^2$$

$$6.8x_1^2+19x_1-94.7=0$$

解得:

$$x_1=2.6\text{m}$$

$$M_{max4}=34.0\times(0.75+2.6)+(19.0\times2.6^2/2+13.6\times2.6^3/6)-128.7\times(2.0-1.4+2.6)=-193.9(\text{kN}\cdot\text{m/m})$$

②地下室顶板浇筑完工等到一定强度后拆除第一道支撑(−1.4m),在−4.4m处加混凝土垫块,则计算模型可简化为底板处固支,第二道支撑(−4.4m)处简支的弹性梁,此为超静定结构,采用ANSYS5.0有限元程序计算,结果如下:

由有限元计算分析可知 $R_2=294.3\text{kN/m}$,设剪力 $Q=0$ 点②层顶面下 x_2m处。

此处土压力:$e_{px}=19.0+13.6x_2$

$$294.3=34.0+19.0x_2+6.8x_2^2$$

$$6.8x_2^2+19x_2-260.3=0$$

解得:

$$x_2=4.9\text{m}$$

$$M_{max2}=34.0\times(0.75+4.9)+(19.0\times4.9^2/2+13.6\times4.9^3/6)-294.3\times(2.0+4.9-1.4)=-931.8(\text{kN}\cdot\text{m/m})$$

由计算可知,在拆除第一道支撑(−1.4m)时支护桩体弯矩较大,因此地下室外墙与基坑壁之间需要回填(至−4.4m处),由此消除拆撑后土压力对桩体产生的过大弯矩。

(7)配筋计算

根据前面的计算,取桩身最大作用弯矩 $M_{max}=-659.1\text{kN}\cdot\text{m}$。选择支护桩桩径 Φ800,桩中心距1.0m,混凝土C25,主筋为HRB335,16 Ø 25。

$$A_s=16\times490.9=7854.4(\text{mm}^2)$$

$$f_Y\cdot A_s/f_c\cdot A=0.39$$

$$\alpha=1+0.75\times0.39-[(1+0.75\times0.39)^2-0.5-0.625\times0.39]1/2=0.33$$

$$\alpha_t=1.25-2\alpha=0.59$$

$$[M]=2/3\times11.9\times(400\times\sin\pi\alpha)^3+300\times350\times7854.4\times(\sin\pi\alpha\,t+\sin\pi\alpha)/\pi$$

$$=802(\text{kN}\cdot\text{m/m})>1.15\times1.0M_{max}=785.4(\text{kN}\cdot\text{m/m})$$

2.2.6 基坑 $D'E$ 段钻孔桩支护挡墙设计计算

该段底板标高 8.6m,则基坑开挖深度9.5m,地面超载取30kPa。表2-7为土层与地质对应表。

土层与地质对应表　　表 2-7

土　层	①-1	②	③	④
层　厚(m)	2.0	8.0	5.0	8.0

1. 第一道支撑力计算

(1)土层侧向土压力计算

设计第一道支撑位置为－1.4m，以第二道支撑设置挖深－5.5m 计算(图 2-7)。

①主动土压力强度计算

$e_{a11}=30\times0.704-2\times10\times0.839=4.3(kPa)$

$e_{a12}=(30+18.0\times2.0)\times0.704-2\times10\times0.839=29.7(kPa)$

$e_{a21}=(30+18.0\times2.0)\times0.419-2\times11.1\times0.647+[(2.0-1.0)-(2.0-1.0)\times0.419]\times9.8=19.0(kPa)$

$e_{a22}=(30+18.0\times2.0+18.8\times3.5)\times0.419-2\times11.1\times0.647+[(5.5-1.0)-(5.5-1.0)\times0.419]\times9.8=66.5(kPa)$

$e_{a31}=(30+18.0\times2.0+18.8\times3.5)\times0.419-2\times11.1\times0.647+[(5.5-1.0)-(5.5-1.0)\times0.419]\times9.8=66.5(kPa)$

$e_{a32}=(30+18.0\times2.0+18.8\times3.5+18.8\times4.5)\times0.419-2\times11.1\times0.647+[(10.0-1.0)-(5.5-1.0)\times0.419]\times9.8=146.0(kPa)$

②被动土压力强度计算

$e_{p11}=2\times11.1\times1.546=34.3(kPa)$

$e_{p12}=(18.8\times4.5)\times2.389+2\times11.1\times1.546+(4.5-1.0)\times(1-2.389)\times9.8=188.8(kPa)$

③净土压力强度计算

$e_{p11}-e_{a31}=34.3-66.5=-32.2(kPa)$

$e_{p12}-e_{a32}=188.8-146.0=42.8(kPa)$

(2)各土层土压力合力和作用点的计算

据前面计算可得：

$E_{a1}=1/2\times(4.3+29.7)\times2.0=34.0(kN/m)$

$h_{a1}=0.75m$

$E_{a2}=1/2\times(19.0+66.5)\times3.5=149.6(kN/m)$

$h_{a2}=1.4m$

$L_{D1}=32.2\times4.5/(32.2+42.8)=1.9(m)$

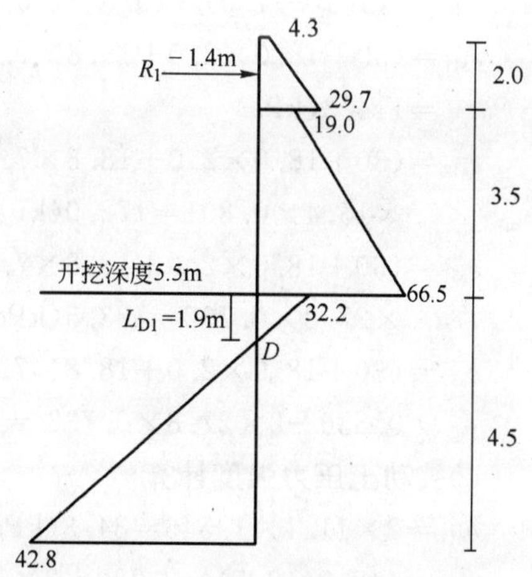

图 2-7　土压力图(尺寸单位：m；土压力单位：kPa)

$E_{a3}=1/2\times32.2\times1.9=30.6(\text{kN/m})$

$h_{a3}=1.3\text{m}$

(3)支撑轴力计算

支撑轴线位于自然地面下1.4m处，弯矩零点D点位于基坑底面下1.9m处，支点力R_1为：

$$R_1\times(2.0-1.4+3.5+1.9)=34.0\times(0.75+3.5+1.9)+149.6\times(1.4+1.9)+30.6\times1.3$$

解得 $R_1=123.8\text{kN/m}$

2.第二道支撑力计算

(1)土层侧向土压力计算

设计第二道支撑位置为−4.4m，以挖深至基坑底面−9.5m计算(图2-8)。

①主动土压力强度计算

$e_{a11}=30\times0.704-2\times10\times0.839=4.3(\text{kPa})$

$e_{a12}=(30+18.0\times2.0)\times0.704-2\times10\times0.839=29.7(\text{kPa})$

$e_{a21}=(30+18.0\times2.0)\times0.419-2\times11.1\times0.647+[(2.0-1.0)-(2.0-1.0)\times0.419]\times9.8=19.0(\text{kPa})$

$e_{a22}=(30+18.0\times2.0+18.8\times7.5)\times0.419-2\times11.1\times0.647+[(9.5-1.0)-(9.5-1.0)\times0.419]\times9.8=120.8(\text{kPa})$

$e_{a31}=(30+18.0\times2.0+18.8\times7.5)\times0.419-2\times11.1\times0.647+[(9.5-1.0)-(9.5-1.0)\times0.419]\times9.8=120.8(\text{kPa})$

$e_{a32}=(30+18.0\times2.0+18.8\times7.5+18.8\times0.5)\times0.419-2\times11.1\times0.647+[(10.0-1.0)-(9.5-1.0)\times0.419]\times9.8=129.6(\text{kPa})$

$e_{a41}=(30+18.0\times2.0+18.8\times7.5+18.8\times0.5)\times0.642-2\times15.4\times0.801=114.3(\text{kPa})$

$e_{a42}=(30+18.0\times2.0+18.8\times7.5+18.8\times0.5+18.0\times5.0)\times0.642-2\times15.4\times0.801=172.0(\text{kPa})$

$e_{a51}=(30+18.0\times2.0+18.8\times7.5+18.8\times0.5+18.0\times5.0)\times0.536-2\times27.8\times0.732=123.5(\text{kPa})$

$e_{a52}=(30+18.0\times2.0+18.8\times7.5+18.8\times0.5+18.0\times5.0+20.2\times8.0)\times0.536-2\times27.8\times0.732=210.1(\text{kPa})$

②被动土压力强度计算

$e_{p11}=2\times11.1\times1.546=34.3(\text{kPa})$

$e_{p12}=(18.8\times0.5)\times2.389+2\times11.1\times1.546=56.8(\text{kPa})$

$e_{p21}=(18.8\times0.5)\times1.558+2\times15.4\times1.248=53.1(\text{kPa})$

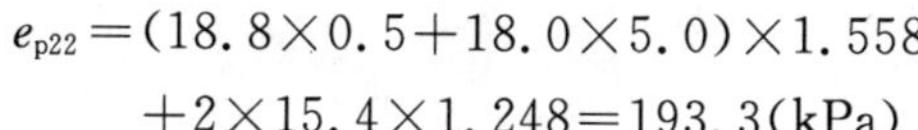

$e_{p22}=(18.8\times0.5+18.0\times5.0)\times1.558+2\times15.4\times1.248=193.3(\text{kPa})$

$e_{p31}=(18.8\times0.5+18.0\times5.0)\times1.867+2\times27.8\times1.366=261.5(\text{kPa})$

$e_{p32}=(18.8\times0.5+18.0\times5.0+20.2\times8.0)\times1.867+2\times27.8\times1.366=563.2(\text{kPa})$

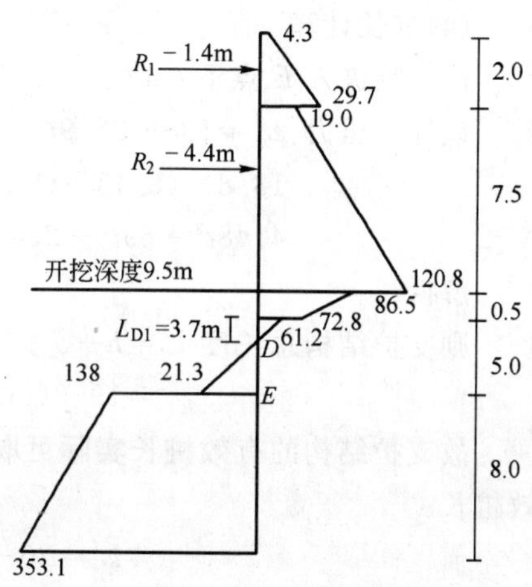

图 2-8 土压力图

③净土压力强度计算

$e_{p11}-e_{a31}=34.3-120.8=-86.5(\text{kPa})$

$e_{p12}-e_{a32}=56.8-129.6=-72.8(\text{kPa})$

$e_{p21}-e_{a41}=53.1-114.3=-61.2(\text{kPa})$

$e_{p22}-e_{a42}=193.3-172.0=21.3(\text{kPa})$

$e_{p31}-e_{a51}=261.5-123.5=138(\text{kPa})$

$e_{p32}-e_{a52}=563.2-210.1=353.1(\text{kPa})$

(2)各土层土压力合力和作用点的计算

据前面计算可得：

$E_{a1}=1/2\times(4.3+29.7)\times2.0=34.0(\text{kN/m})$

$h_{a1}=0.75\text{m}$

$E_{a2}=1/2\times(19.0+120.8)\times7.5=524.3(\text{kN/m})$

$h_{a2}=2.8\text{m}$

$E_{a3}=1/2\times(86.5+72.8)\times0.5=39.8(\text{kN/m})$

$h_{a3}=0.24\text{m}$

$L_{D1}=61.2\times5/(61.2+21.3)=3.7(\text{m})$

$E_{a4}=1/2\times61.2\times3.7=113.2(\text{kN/m})$

$h_{a4}=2.5\text{m}$

$E_{p1}=1/2\times21.3\times(5.0-3.7)=13.8(\text{kN/m})$

$h_{p1}=0.43\text{m}$

(3)支撑轴力计算

已知 $R_1=123.8\text{kN/m}$，弯矩零点 D 点位于基坑底面下 4.2m 处，支点力 R_2 为：

$R_1\times(2.0-1.4+7.5+4.2)+R_2\times(9.5-4.4+4.2)=34.0\times(0.75+7.5+4.2)+524.3\times(2.8+4.2)+39.8\times(0.24+3.7)+113.2\times2.5$

解得 $R_2=323.7\text{kN/m}$

D 点反力为：

$P_0=(34.0+524.3+39.8+113.2)-123.8-323.7=263.8(\text{kN/m})$

(4)桩长计算

设桩端进入 E 点下 tm 处。

该处土压力：$e_{p_t}=138+26.9t$

$$13.8\times(0.43+t)+138t^2/2+26.9t^3/6=263.8\times(1.3+t)$$

$$4.48t^3+69t^2-250t-337=0$$

解得 $t=3.9\text{m}$

则支护结构总长度 $L=h+x+1.2t=9.5+0.5+3.7+1.2\times(1.3+3.9)$

$=19.9(\text{m})$，取 20m。

故支护结构的有效桩长实际可取为圈梁顶位于地面下 1.0m，圈梁高 0.8m，则有效桩长：

$$L'=20-1.0-0.8=18.2\text{m}$$

(5)最大弯矩计算

①$R_1\sim R_2$ 之间最大弯矩计算

已知 $R_1=123.8\text{kN/m}$，设剪力 $Q=0$ 点位于②层顶面下 x_1m 处。

此处土压力：$e_{ax}=19.0+13.6x_1$

$$123.8=34.0+19.0x_1+6.8x_1^2$$

$$6.8x_1^2+19x_1-89.8=0$$

解得 $x_1=2.49\text{m}$

$M_{max1}=34.0\times(0.75+2.49)+(19.0\times2.49^2/2+13.6\times2.49^3/6)-123.8\times(2.0-1.4+2.49)=-178.5(\text{kN}\cdot\text{m/m})$

②$R_2\sim P_0$ 之下最大弯矩

已知 $R_1=123.8\text{kN/m}$，$R_2=323.7\text{kN/m}$，设剪力 $Q=0$ 点②层顶面下 x_2m 处。

此处土压力：$e_{px}=19.0+13.6x_2$

$$123.8+323.7=34.0+19.0x_2+6.8x_2^2$$

$$6.8x_2^2+19x_2-413.5=0$$

$$x_2=6.5\text{m}$$

$M_{max2}=34.0\times(0.75+6.5)+(19.0\times6.5^2/2+13.6\times6.5^3/6)-123.8\times(2.0+6.5-1.4)-323.7\times(2.0+6.5-4.4)=-935.8(\text{kN}\cdot\text{m/m})$

③P_0 之下最大弯矩

已知 $P_0=263.8\text{kN/m}$，设剪力 $Q=0$ 点位于 E 下 x_2m 处。

此处土压力：$e_{px}=138+26.9x_2$

$$263.8=13.8+138x_2+13.45x_2^2$$

$$13.45x_2^2+138x_2-250=0$$

$$x_2=1.57\text{m}$$

$M_{max3}=263.8\times(1.3+1.57)-13.8\times(0.43+1.57)-138\times1.57^2/2-26.9\times$
$1.57^3/6=542(kN\cdot m/m)$

(6)拆撑计算

①地下室顶板浇筑完工等到一定强度后拆除第二道支撑(－4.4m)，已知一层地下室板厚加垫层厚为1.2m，则计算模型可简化为底板处固支、第一道支撑(－1.4m)处简支的弹性梁，此为超静定结构，采用ANSYS5.0有限元程序计算，结果如下：

由有限元计算分析可知 $R_1=145$ kN/m，设剪力 $Q=0$ 点位于②层顶面下 x_1 m处。

此处土压力：$e_{ax}=19.0+13.6x_1$

$$145=34.0+19.0x_1+6.8x_1^2$$

$$6.8x_1^2+19.0x_1-111=0$$

解得 $x_1=2.9$m

$M_{max4}=34.0\times(0.75+2.9)+(19.0\times2.9^2/2+13.6\times2.9^3/6)-145\times(2.0-$
$1.4+2.9)=-248.2(kN\cdot m/m)$

②地下室顶板浇筑完工等到一定强度后拆除第一道支撑(－1.4m)，在－4.4m处加混凝土垫块，则计算模型可简化为底板处固支、第二道支撑(－4.4m)处简支的弹性梁，此为超静定结构，采用ANSYS5.0有限元程序计算，结果如下：

由有限元计算分析可知 $R_2=301.7$kN/m，设剪力 $Q=0$ 点②层顶面下 x_2 m处。

此处土压力：$e_{px}=19.0+13.6x_2$

$$301.7=34.0+19.0x_2+6.8x_2^2$$

$$6.8x_2^2+19x_2-267.7=0$$

$$x_2=5.0m$$

$M_{max2}=34.0\times(0.75+5.0)+(19.0\times5.0^2/2+13.6\times5.0^3/6)-301.7\times$
$(2.0+5.0-1.4)=-973.2(kN\cdot m/m)$

由计算可知，在拆除第一道支撑(－1.4m)时支护桩体弯矩较大，因此地下室外墙与基坑壁之间需要回填(至－4.4m处)，由此消除拆撑后土压力对桩体产生的过大弯矩。

(7)配筋计算

根据前面的计算，取桩身最大作用弯矩 $M_{max}=-935.8kN\cdot m$，选择支护桩桩径Φ900，桩中心距1.1m，混凝土C30，主筋为HRB400，16Φ25。

$A_s=16\times490.9=7854.4(mm^2)$

$f_Y\cdot A_s/f_c\cdot A=0.31$

$\alpha=1+0.75\times0.31-[(1+0.75\times0.31)^2-0.5-0.625\times0.31]^{1/2}=0.324$

$\alpha_t=1.25-2\alpha=0.602$

$[M]=2/3\times14.3\times(450\times\sin\pi\alpha)3+360\times400\times7854.4\times(\sin\pi\alpha t+\sin\pi\alpha)/\pi$

$=1184(kN\cdot m/m)>1.15\times1.1\times1.0M_{max}=1183.8(kN\cdot m/m)$

2.2.7 支撑结构设计计算

设计第一道支撑采用混凝土支撑，第二道支撑采用钢管支撑。

1.混凝土支撑结构设计

(1)混凝土支撑间距的确定

基坑混凝土支撑轴力取 $R=123.8\text{kN/m}$，对撑间距 9m，角撑间距 6.4m。

(2)混凝土支撑截面设计

设计混凝土支撑截面高×宽为 600mm×800mm，C30，对称配筋。

①支撑轴向力

$N_{对}=1.3\times9\times123.8=1448.5(\text{kN})$

$N_{角}=1.3\times6.4\times123.8/\sin45^{\circ}=1456.7(\text{kN})$

取 $N=1457\text{kN}$ 计算。

②支撑上作用弯矩

$g=1.5\times0.6\times0.8\times25=18(\text{kN/m})$

$M_1=18\times10^2/10=180(\text{kN}\cdot\text{m})$

施工荷载 $q=10.0\text{kN/m}$

$M_2=10\times10^2/10=100(\text{kN}\cdot\text{m})$

偏心距 $e=0.15\%\times10=0.015\text{m}$，实取 0.02m

$M_3=0.02\times1457=29(\text{kN}\cdot\text{m})$

$M=180+100+29=309(\text{kN}\cdot\text{m})$

③大小偏心判别

$e_o=309000/1457=212(\text{mm})$

$0.3h_o=0.3\times765=229.5(\text{mm})$

$e_a=0.12\times(0.3\,h_o-e_o)=0.12\times(229.5-212)=2.1(\text{mm})$

$e_i=e_a+e_o=2.1+212=214.1(\text{mm})$

$\xi_1=0.2+2.7\times214.1/765=0.956$

$l_o/h=10/0.8=12.5<15$，取 $\xi_2=1$

$\eta=1+0.956\times1\times(765\times12.5^2)/(1400\times214.1)=1.381$

$N_b=\alpha_1 f_e bh_0\xi_b=1.0\times14.3\times600\times765\times0.544=3570.7(\text{kN})>\text{N}=1400\text{kN}$

按大偏心受压计算

$$x=\frac{N}{\alpha_1 f_c b}=\frac{1457000}{1\times14.3\times600}=169.8\text{mm}>2\alpha'_s=70(\text{mm})$$

$$\xi=\frac{x}{h_0}=\frac{169.8}{765}=0.222$$

$$e=\eta e_i+0.5h-\alpha'_s=1.381\times214.1+0.5\times800-35=660.7(\text{mm})$$

$A_s = A'_s$

$$= \frac{145700 \times 660.7 - 0.222 \times (1 - 0.5 \times 0.222) \times 1 \times 1.43 \times 600 \times 765^2}{300 \times (765 - 35)} < 0$$

按最小配筋量计算：

受拉：$\mu_{min} bh = 0.15\% \times 600 \times 800 = 720(mm^2)$

受压：$\mu_{min} bh = 0.20\% \times 600 \times 800 = 960(mm^2)$

HRB335 级钢筋，6Φ20，$A_s = A'_s = 1884(mm^2)$

2. 钢支撑结构设计

第二道支撑采用钢管支撑结构，现计算如下：

(1)钢管支撑间距的确定

根据前面计算结果，支撑最大轴力 $R = 323.7kN/m$

对撑间距 $S_1 = [R]/(1.30R_{max}) = 2 \times 2000/(1.30 \times 323.7) = 9.5(m)$，取 9m。

角撑间距 $S_2 = [R]\sin45°/(1.30R_{max}) = 2 \times 2000\sin45°/(1.30 \times 323.7) = 6.7(m)$，取 6.4m。

(2)钢支撑稳定性验算

本设计采用 Φ610×10 钢管，立柱间距取 10m。

Φ610×10 钢管截面特征系数：

$A = \pi(305^2 - 295^2) = 18840(mm^2)$

$I = \pi/64(D^4 - d^4) = 848035500(mm^4)$

$W = I/R = 2780444.3(mm^3)$

$i = (I/A)^{1/2} = 212.2mm$

$\lambda = L/i = 47.2$

查表：$\Phi = 0.92$

支撑上作用弯矩 M：

①支撑自重及支撑上施工活荷载($q = 4kN/m$)产生的弯矩 M_1：

$$M_1 = 1/10 \times 2 \times (1.2 \times 1.6 + 4) \times 10^2 = 118.4(kN/m)$$

②支撑安装偏心($e_0 = 40mm$)产生的弯矩 M_2：

$N = 1.3 \times R \times L = 1.3 \times 323.7 \times 10 = 4208.1(kN)$

$M_2 = N \times e = 4208.1 \times 0.04 = 168.3(kN/m)$

$M = M_1 + M_2 = 118.4 + 168.3 = 286.7(kN/m)$

(3)钢支撑强度验算

$f = N/(\Phi A) + M/W$

$= 4208.1 \times 10^3/(2 \times 0.868 \times 18840) + 286.7 \times 10^6/(2 \times 2780444.3)$

$= 180MPa < 215MPa$

满足要求。

(4)支撑出平面强度验算

按轴心受压构件计算，取 $L_0=10\text{m}$

$\lambda=10/0.212=47.2$

查表：$\Phi=0.920$

$f=N/(\Phi A)=2000\times10^3/(0.920\times18840)=115.39(\text{MPa})<215\text{MPa}$

满足要求。

(5)支撑处平面强度验算

按轴心受压构件计算，取 $L_0=10\text{m}$

$\lambda=10/0.212=47.2$

查表：$\Phi=0.920$

$f=N/(\Phi A)=2000\times10^3/(0.920\times18840)=115.39(\text{MPa})<215\text{MPa}$

满足要求。

3. 圈梁及钢支撑围檩设计验算

(1)设计圈梁尺寸 800mm×1000mm，C30 混凝土

$M_{max}=1/10\times123.8\times9^2=1002.8(\text{kN}\cdot\text{m})$

$$A_s=\frac{\alpha_1 f_c b}{f_y}\left(h_0-\sqrt{h_0^2\frac{2M}{\alpha_1 f_c b}}\right)$$

$$=\frac{1\times14.3\times800}{300}\left(1165-\sqrt{1165^2-\frac{2\times1002.8\times10^6}{1\times14.3\times800}}\right)$$

$$=2968.4(\text{mm}^2)$$

实取 HRB335 级钢筋 6Φ25，实际面积

$A_s=2945\text{mm}^2>\rho_{min}\times A=0.215\%\times800\times1200=2064(\text{mm}^2)$

满足条件，选用 ϕ8@200，四肢箍。

(2)对撑钢围檩设计

①对撑各段荷载计算

$M=1/10\times323.7\times9^2=2622(\text{kN}\cdot\text{m})$

②采用 2 根 32c 槽钢，其截面特征系数：

$A=12300\text{mm}^2$

$I_1=10992.6\times10^4\text{mm}^4$

$W=785.2\times10^3\text{mm}^3$

支护桩的惯性矩：

$I_桩=\pi D^4/64=3.14\times1/64=0.05(\text{m}^4)$

③内力计算

a. 分配弯矩

取 $M=2622kN\cdot m$

作用在围檩上的弯矩为：

$M_w=I_1\times M/(I_1+0.1I_{桩})$

$=10992.6\times10^4\times2622/(10992.6\times10^4+0.1\times0.05\times10^{12})$

$=56.4(kN\cdot m)$

$\sigma=1.5\times56.4\times10^6/785.2\times10^3=107.7MPa<[\sigma]=215MPa$

b. 抗压计算

取双管支承台面长为 $2\times610=1220(mm)$

$\sigma=N/A=2\times2000\times10^3/1220\times20=163.9(MPa)<[\sigma]=215MPa$

c. 抗剪计算

取 $Q=323.7kN/m$

$\tau=Q\times(bb^2-bh^2+dh^2)/8I_2d$

$=323.7\times10^3\times(400^3-400\times360^2+20\times360^2)/(8\times6.6\times10^8\times20)$

$=45.2(MPa)<[\tau]=125(MPa)$

4. 立柱强度计算

(1)钢立柱采用 Φ425×10 钢管

①支撑自重荷载及钢立柱自重荷载

$P_1=(1.2\times0.6\times0.8\times25+4)\times10+(1.2\times0.5\times0.6\times25+4)\times10.86+2\times(1.2\times1.6+4)\times10+(8.7-1.4-0.305)\times112.58\times9.8\times10-3=451.3(kN)$

②使支撑纵向稳定所需的水平压力产生的竖向荷载

$P_2=0.1\times(123.8+323.7)\times10=447.5(kN)$

③Φ425×10 钢管特征系数及强度验算

$A=14340mm^2$

$L_0=10m，\lambda=L_0/i=68.1$

查表得 $\Phi=0.763$

$f=N/(\Phi A)=(451.3+447.5)\times10^3/(0.763\times14340)$

$=82.1(MPa)<[f]=215MPa$

④下段钢筋混凝土立柱强度验算

取立柱桩径 ϕ800，C25，基坑面下桩长 20m。

$P=898.8+3.14\times0.4^2\times20\times25\times1.25=1212.8(kN)$

$F=\pi DfL=3.14\times0.8\times25\times20=1256(kN)>P$

满足条件。

(2)止水桩设计

①挖深8.7m按抗管涌计算

$$K=\frac{2t\times 8.2+8.8\times 6.7+8.0\times (2.0-1.0)}{10\times 8.7}\geqslant 2$$

解得　$t=6.5\text{m}, D=1.2t=7.8\text{m}$

取 $D=7.8\text{m}$，则止水桩桩长为16m。

②挖深9.5m按抗管涌计算

$$K=\frac{2t\times 8.2+8.8\times 7.5+8.0\times (2.0-1.0)}{10\times 9.5}\geqslant 2$$

解得　$t=7.1\text{m}, D=1.2t=8.5\text{m}$

取 $D=8.5\text{m}$，则止水桩桩长为18m。

5. 基坑涌水量估算及降水井设计

由于采用的是全封闭的止水帷幕，基坑涌水量按下式计算：

$$\gamma_0=0.29(a+b)=0.29\times(60+113)=50.2(\text{m})$$

$$R=2S\sqrt{KH}=2\times 9\sqrt{4.8\times 10^{-3}\times 864\times 15}=142(\text{m})$$

$$Q=1.366k\frac{(2H-S)S}{\lg\left(1+\frac{R}{\gamma_0}\right)}$$

$$=1.366\times 4.8\times 0.864\times\frac{(2\times 15-9)\times 9}{\lg\left(1+\frac{142}{50.2}\right)}=1836.46(\text{m}^3/\text{d})$$

单井抽水量

$$q=120\pi rL_0\sqrt[3]{k}=120\times 3.14\times 0.15\times 2.0\times\sqrt[3]{4.15}=181(\text{m}^3/\text{d})$$

$$n=\frac{1.1\times 1836.5}{181}=11.2$$，取 $n=12$ 口降水井。

抽水井孔深确定

$$H=h+iL=2.0+1.0=8.7+0.1\times 50.2+3.0=16.7(\text{m})$$

实际取抽水井深度为17m，基坑中设12口降水井，管井的深度是17m。

2.3 地下连续墙计算

2.3.1 工程概述

某基坑开挖深度8m，采用钢筋混凝土地下连续墙围护结构，墙厚600mm，保护层厚度为60mm，混凝土强度等级为C30，受力钢筋、分布钢筋均采用II级钢筋。墙体深度18m，设置一道Φ500×11的钢管支撑，支撑水平间距3m，支撑轴线位于地面以下 2.0m 处。地层为黏性土，天然重度为 $\gamma=18\text{kN/m}^3$，内摩擦角 $\varphi=10°$，$c=10\text{kPa}$，地下水位位于地下 1m 处，不考虑地面超载，应用朗肯土压力理论（水土合算），求地下连续墙的主动土压力、被动土压力、最大弯矩、单根支撑轴力及地下连续墙的配筋。

1.静力平衡法

(1)土压力计算

采用水土合算法计算土压力时，不单独考虑水的作用。当土压力强度 $e_{ai}<0$ 时，取 $e_{ai}=0$。

①计算主动土压力的零点深度 h_c

$$h_c=\frac{2c}{\gamma\sqrt{k_a}}=\frac{2c}{\gamma\tan(45°-\frac{\varphi}{2})}=\frac{2\times10}{18\times\tan(45°-\frac{10°}{2})}=1.32(\text{m})$$

②主动土压力强度计算

$$\begin{aligned}e_a&=\gamma hk_a-2c\sqrt{k_a}=\gamma h\tan^2\left(45°-\frac{\varphi}{2}\right)-2c\tan\left(45°-\frac{\varphi}{2}\right)\\&=18\times18\times\tan^2\left(45°-\frac{10°}{2}\right)-2\times10\times\tan\left(45°-\frac{10°}{2}\right)\\&=228.12-16.78=211.34(\text{kPa})\end{aligned}$$

③主动土压力全力 E_a

$$E_a=\frac{1}{2}\times(18-1.32)\times211.34=1762.6(\text{kN/m})$$

④被动土压力强度计算

$$\begin{aligned}e_{p1}&=\gamma hK_a-2c\sqrt{K_a}=\gamma h\tan^2\left(45°+\frac{\varphi}{2}\right)+2c\tan\left(45°+\frac{\varphi}{2}\right)\\&=0+2\times10\times\tan\left(45°+\frac{10°}{2}\right)=23.84(\text{kPa})\end{aligned}$$

$$e_{p2}=18\times10\tan^2\left(45°+\frac{10°}{2}\right)+2\times10\times\tan\left(45°+\frac{10°}{2}\right)=279.48(\text{kPa})$$

⑤被动土压力全力 E_p

$$E_p=\frac{1}{2}\times(e_{p1}+e_{p2})\cdot h_d=\frac{1}{2}\times(23.84+279.48)\times10=1516.6(\text{kN/m})$$

主动及被动土压力分布如图 2-9 所示。

(2)支点反力 T(1m 宽土压力产生的支点反力)

根据静力平衡条件(图 2-10)，有：

$$\sum F=0$$

则单根支撑轴力为：

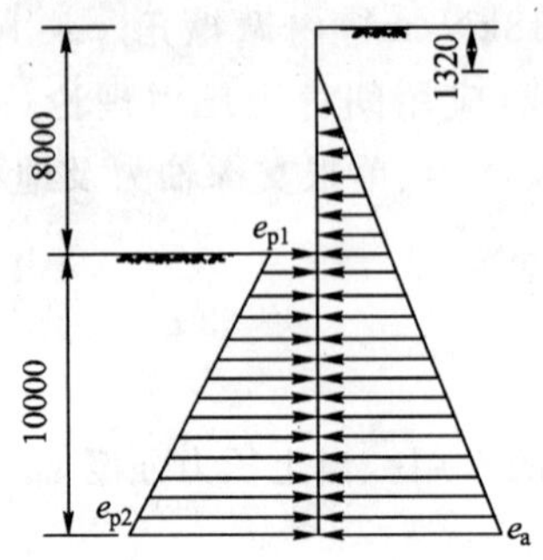

图 2-9　主、被动土压力分布图形(尺寸单位:mm)

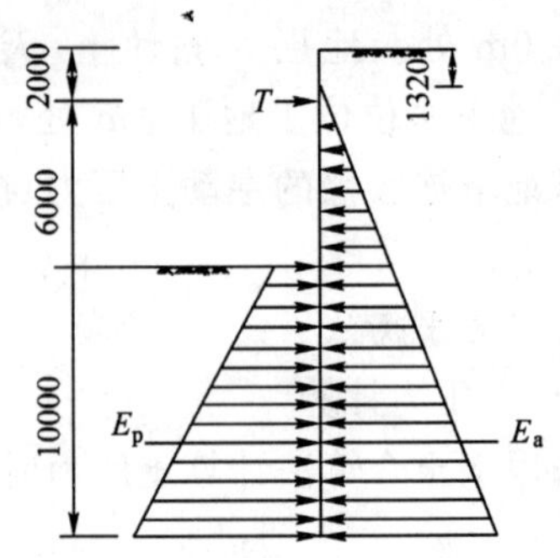

图 2-10　静力平衡计算简图(尺寸单位:mm)

$$N=3T=3\times246=738(\text{kN/m})$$

(3)求墙身最大弯矩 M_{max}

①求剪力 $v=0$ 的位置(图 2-11)

$$\because\ T=\gamma\cdot x\tan^2\left(45^\circ-\frac{10^\circ}{2}\right)\cdot\frac{1}{2}x$$

$$\therefore\ x=\sqrt{\frac{2T}{\gamma\tan^2\left(45^\circ-\frac{10^\circ}{2}\right)}}$$

$$=\sqrt{\frac{2\times246}{18\times\tan^2 40^\circ}}=6.23(\text{m})$$

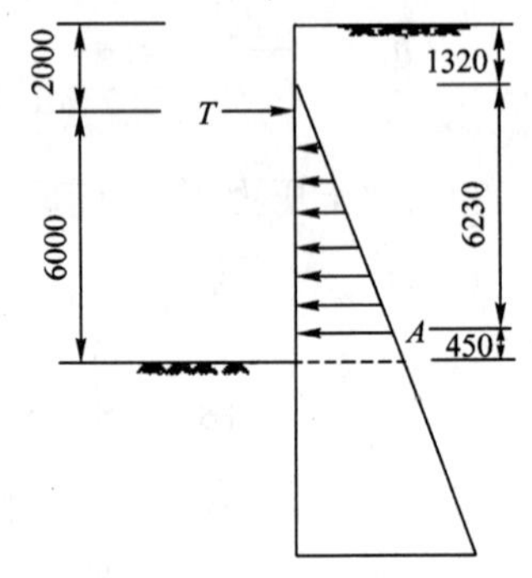

图 2-11　剪力零点位置(尺寸单位:mm)

②求 M_{max}(A 点的弯矩)

$$e_{aA}=18\times6.23\times\tan^2\left(45^\circ-\frac{10^\circ}{2}\right)$$

$$=78.96(\text{kPa})$$

$$M_{max}=(6.23+1.32-2)\times246-\frac{1}{2}\times6.23\times78.96\times\frac{1}{3}\times6.23$$

$$=1365.30-510.78=854.52(\text{kN}\cdot\text{m})$$

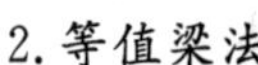

2. 等值梁法

(1)土压力计算

①主动土压力的零点深度的计算同上,$h_c=1.32\text{m}$。

②主动土压力强度计算

$$e_{a1}=\gamma hk_a-2c\sqrt{K_a}$$

$$=\gamma h\tan^2\left(45^\circ-\frac{\varphi}{2}\right)-2c\tan\left(45^\circ-\frac{\varphi}{2}\right)$$

$$=18\times8\times\tan^2\left(45^\circ-\frac{10^\circ}{2}\right)-2\times10\times\tan\left(45^\circ-\frac{10^\circ}{2}\right)$$

$$= 101.39 - 16.78 = 84.6(\text{kPa})$$

$$e_{a2} = e_{a1} = 84.6\text{kPa}$$

③主动土压力合力 E_a

$$E_a = \frac{1}{2} \times (8 - 1.32) \cdot e_{a1} + 10e_{a2}$$

$$= \frac{1}{2} \times (8 - 1.32) \times 84.6 + 10 \times 84.6$$

$$= 1128.6(\text{kN/m})$$

④被动土压力强度计算

计算同上，得 $e_{p1} = 23.84\text{kPa}, e_{p2} = 279.48(\text{kPa})$

⑤被动土压力合力 E_p

计算同上，得 $E_p = 1516.6(\text{kN/m})$

主动、被动土压力分布分别如图 2-12 和图 2-13 所示。

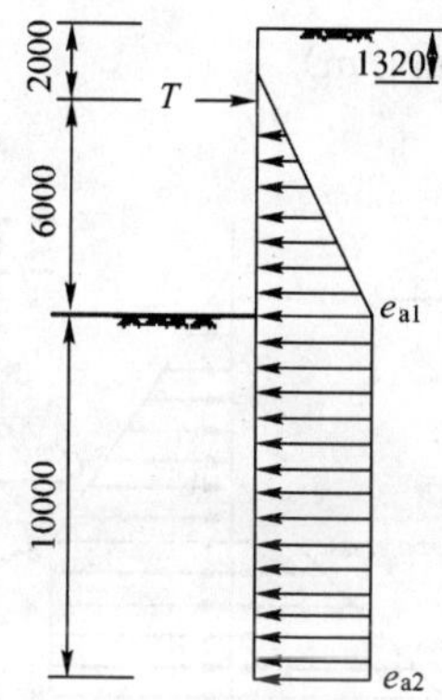

图 2-12 主动土压力分布(尺寸单位:mm)

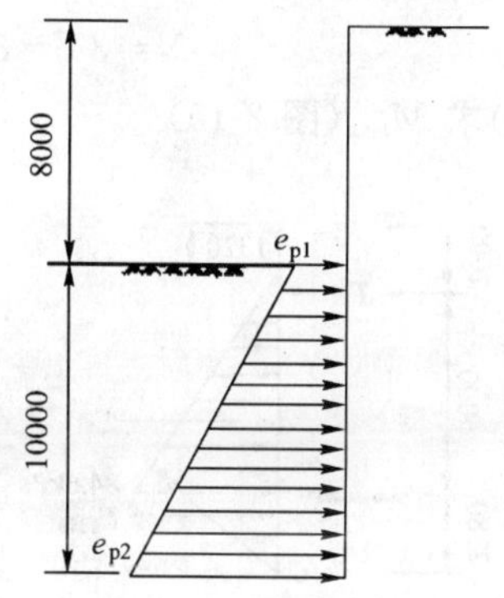

图 2-13 被动土压力分布(尺寸单位:mm)

(2)求支点反力 T(图 2-14)

计算 1m 宽土压力产生的支点反力。

①开挖面以下土压力零点

$$e_{a1} = x\gamma \tan^2\left(45° + \frac{\varphi}{2}\right) + 2c\tan\left(45° + \frac{\varphi}{2}\right)$$

$$x = \frac{84.6 - 2 \times 10\tan\left(45° + \frac{10°}{2}\right)}{18\tan^2\left(45° + \frac{10°}{2}\right)} = 2.38(\text{m})$$

②支点反力计算

$$e_{a0}=84.6-2c\tan\left(45°+\frac{\varphi}{2}\right)=84.6-2\times10\tan\left(45°+\frac{10°}{2}\right)=60.77(\text{kPa})$$

$$E_{a1}=\frac{1}{2}\times84.6\times(8-1.32)=282.6(\text{kN/m})$$

$$E_{a2}=\frac{1}{2}\times60.77\times2.38=73.3(\text{kN/m})$$

对 C 点取矩,则

$$(6+2.38)T=\left(\frac{8-1.32}{3}+2.38\right)\cdot E_{a1}+\frac{2}{3}\times2.38\times E_{a2}$$

$$T=\frac{1}{6+2.38}\times\left[\left(\frac{8-1.32}{3}+2.38\right)\times282.6+\frac{2}{3}\times2.38\times72\right]$$

$$=\frac{8}{8.38}\times(1301.84+114.72)=169.04(\text{kN/m})$$

③单根支撑轴力 N

$$N=3T=3\times169.04=507.1(\text{kN/m})$$

(3)求 M_{max}(图 2-15)

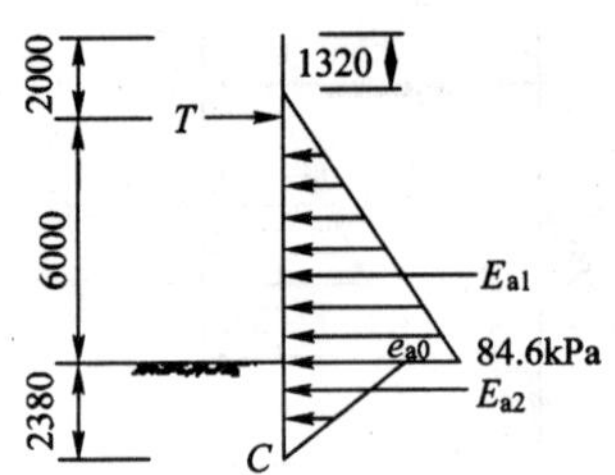

图 2-14 交点反力计算简图(尺寸单位:mm)

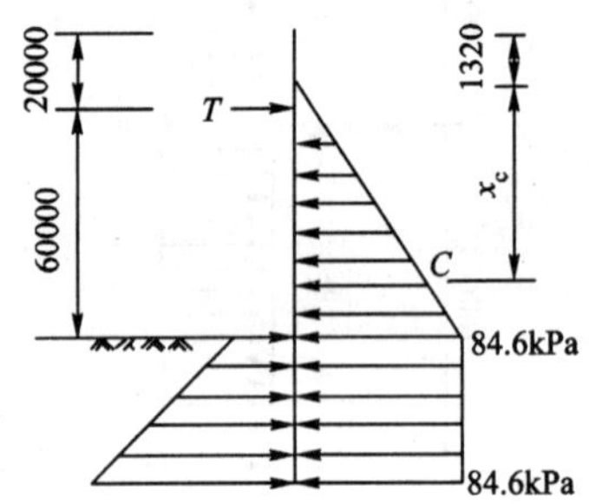

图 2-15 剪力零点位置(尺寸单位:mm)

①求剪力零点位置 x_c

$$\because\quad \frac{1}{2}x_c^2\gamma\tan^2\left(45°-\frac{\varphi}{2}\right)=T=169.04\text{kN/m}$$

$$\therefore\quad x_c=\sqrt{\frac{2T}{\gamma\tan^2\left(45°-\frac{\varphi}{2}\right)}}=\sqrt{\frac{2\times169.04}{18\times\tan^2\left(45°-\frac{10°}{2}\right)}}=5.16(\text{m})$$

②求 M_{max}

$$e_{ac}=18\times5.16\times\tan^2\left(45°-\frac{10°}{2}\right)=65.4(\text{kPa})$$

$$M_{max}=(5.16+1.32-2)\times169.04-\frac{1}{2}\times65.1\times5.16\times5.16\times\frac{1}{3}$$

$=757.30-290.2$

$=467.1\text{kN}\cdot\text{m/m}$

从上述结果中可以看出,运用《建筑基坑工程技术规范》(YB 9258—97)和《建筑基坑支护技术规程》(JGG 120—99)求得的剪力零点位置均没有进入开挖面以下,但由前者算得的剪力零点位置更靠近基底,所得支撑轴力和最大弯矩值均比后者大得较多。

3. 地下连续墙的配筋计算

计算配筋时,墙开挖侧的最大弯矩使用 $M_{max}=467.1\text{kN}\cdot\text{m}$,C30 相当于 320 号混凝土,故 $f_{cm}=2350\text{N/cm}^2$。

$$\alpha_s=\frac{KM}{f_{cm}bh_0^2}=\frac{1.4\times467.1\times10^5}{2350\times100\times52^2}=0.103$$

查《钢筋混凝土结构》(沈蒲生等,武汉工业大学出版社)附表 10 得:$\gamma_s=0.9455$,则得:

$$A_s=\frac{KM}{f_y\gamma_s h_0}=\frac{1.4\times467.1\times10^5}{300\times0.9455\times52}=4433.6(\text{mm}^2/\text{m})$$

实配钢筋为 $\Phi25@100$,$A_s=4909\text{mm}^2/\text{m}$,满足要求。

矩形面积均布荷载作用下角点附加应力系数 α 表 表 2-8

z/b	l/b											
	1.0	1.2	1.4	1.6	1.8	2.0	3.0	4.0	5.0	6.0	10.0	条形
0.0	0.250	0.250	0.250	0.250	0.250	0.250	0.250	0.250	0.250	0.250	0.250	0.250
0.2	0.249	0.249	0.249	0.249	0.249	0.249	0.249	0.249	0.249	0.249	0.249	0.249
0.4	0.240	0.242	0.243	0.243	0.244	0.244	0.244	0.244	0.244	0.244	0.244	0.244
0.6	0.223	0.228	0.230	0.232	0.232	0.233	0.234	0.234	0.234	0.234	0.234	0.234
0.8	0.200	0.207	0.212	0.215	0.216	0.218	0.220	0.220	0.220	0.220	0.220	0.220
1.0	0.175	0.185	0.191	0.195	0.198	0.200	0.203	0.204	0.204	0.204	0.205	0.205
1.2	0.152	0.163	0.171	0.176	0.179	0.182	0.187	0.188	0.189	0.189	0.189	0.189
1.4	0.131	0.142	0.151	0.157	0.161	0.164	0.171	0.173	0.174	0.174	0.174	0.174
1.6	0.112	0.124	0.133	0.140	0.145	0.148	0.157	0.159	0.160	0.160	0.160	0.160
1.8	0.097	0.108	0.117	0.124	0.129	0.133	0.143	0.146	0.147	0.148	0.148	0.148
2.0	0.084	0.095	0.103	0.110	0.116	0.120	0.131	0.135	0.136	0.137	0.137	0.137
2.2	0.073	0.083	0.092	0.098	0.104	0.108	0.121	0.125	0.126	0.127	0.128	0.128
2.4	0.064	0.073	0.081	0.088	0.093	0.098	0.111	0.116	0.118	0.118	0.119	0.119
2.6	0.057	0.065	0.072	0.079	0.084	0.089	0.102	0.107	0.110	0.111	0.112	0.112

续上表

z/b	l/b											
	1.0	1.2	1.4	1.6	1.8	2.0	3.0	4.0	5.0	6.0	10.0	条形
2.8	0.050	0.058	0.065	0.071	0.076	0.080	0.094	0.100	0.102	0.104	0.105	0.105
3.0	0.045	0.052	0.058	0.064	0.069	0.073	0.087	0.093	0.096	0.097	0.099	0.099
3.2	0.040	0.047	0.053	0.058	0.063	0.067	0.081	0.087	0.090	0.092	0.093	0.094
3.4	0.036	0.042	0.048	0.053	0.057	0.061	0.075	0.081	0.085	0.083	0.088	0.089
3.6	0.033	0.038	0.043	0.048	0.052	0.056	0.069	0.076	0.080	0.082	0.084	0.084
3.8	0.030	0.035	0.040	0.044	0.048	0.052	0.005	0.072	0.075	0.077	0.080	0.080
4.0	0.027	0.032	0.036	0.040	0.044	0.048	0.060	0.067	0.071	0.073	0.076	0.076
4.2	0.025	0.029	0.033	0.037	0.041	0.044	0.056	0.063	0.067	0.070	0.072	0.073
4.4	0.023	0.027	0.031	0.034	0.038	0.041	0.053	0.060	0.064	0.066	0.069	0.070
4.6	0.021	0.025	0.028	0.032	0.035	0.038	0.049	0.056	0.061	0.063	0.066	0.067
4.8	0.019	0.023	0.026	0.029	0.032	0.035	0.046	0.053	0.058	0.060	0.064	0.064
5.0	0.018	0.021	0.024	0.027	0.030	0.033	0.043	0.050	0.055	0.057	0.061	0.062
6.0	0.013	0.015	0.017	0.020	0.022	0.024	0.033	0.039	0.043	0.046	0.051	0.052
7.0	0.009	0.011	0.013	0.015	0.016	0.018	0.025	0.031	0.035	0.038	0.043	0.045
8.0	0.007	0.009	0.010	0.011	0.013	0.014	0.020	0.025	0.028	0.031	0.037	0.039
9.0	0.006	0.007	0.008	0.009	0.010	0.011	0.016	0.020	0.024	0.026	0.032	0.035
10.0	0.005	0.006	0.007	0.007	0.008	0.009	0.013	0.017	0.020	0.022	0.028	0.032
12.0	0.003	0.004	0.005	0.005	0.006	0.006	0.009	0.012	0.014	0.017	0.022	0.026
14.0	0.002	0.003	0.003	0.004	0.004	0.005	0.007	0.009	0.011	0.013	0.018	0.023
16.0	0.002	0.002	0.003	0.003	0.003	0.004	0.005	0.007	0.009	0.010	0.014	0.020
18.0	0.001	0.002	0.002	0.002	0.003	0.003	0.004	0.006	0.007	0.008	0.012	0.018
20.0	0.001	0.001	0.002	0.002	0.002	0.002	0.004	0.005	0.006	0.007	0.010	0.016
25.0	0.001	0.001	0.001	0.001	0.001	0.002	0.002	0.003	0.004	0.004	0.007	0.013
30.0	0.001	0.001	0.001	0.001	0.001	0.001	0.002	0.002	0.003	0.003	0.005	0.011
35.0	0.000	0.000	0.001	0.001	0.001	0.001	0.001	0.002	0.002	0.002	0.004	0.009
40.0	0.000	0.000	0.000	0.000	0.001	0.001	0.001	0.001	0.001	0.002	0.003	0.008

第3章 筏形基础

3.1 大体积钢筋混凝土筏基计算

3.1.1 工程概况

北京某广场是集商业、文娱、餐饮、办公、宾馆、公寓为一体的现代化建筑，第一期工程由3栋高层组成，底板分区如图3-1所示，地上A区写字楼17层，C区宾馆19层，B区办公楼21层，地下3层，总建筑面积35000m^2。基础为一整体筏基，南北长266m，东西宽118.25m，基础埋深－12.5m(筏基上皮标高)。厚度：裙楼处0.8m(柱基处1.5m)，A区、C区主楼1.5m，B区主楼2.5m(电梯井处4.0m)，以宽0.8m、1.2m纵横后浇带将其分成13块，后浇带总长近900m。筏基础为C30、S8自防水混凝土，配筋：裙房上下各配ϕ22@100单层双向HRB335钢筋，主楼上下各配ϕ25、ϕ32@100双层双向HRB335钢筋，板中设一排双向HRB335ϕ16@100抗裂筋。周围外墙施工缝位于筏板上皮200mm处。全部筏基混凝土浇筑量为50000m^3，其中B区30000m^{3}以上，B区钢筋制安量1400t。

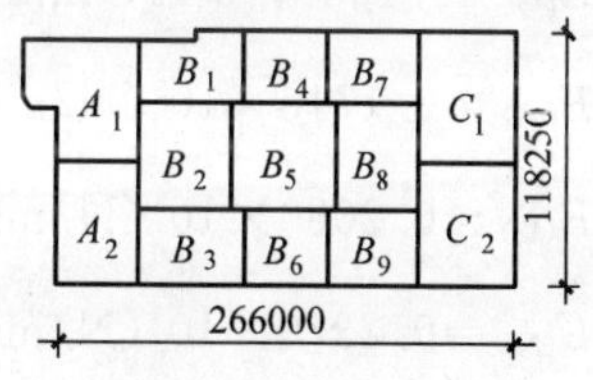

图3-1 底板平面示意图(尺寸单位：mm)

3.1.2 大体积混凝土施工裂缝控制

大体积混凝土施工的关键是控制裂缝的开展，为验算由温差和混凝土收缩所产生的温度应力是否超过当时的基础混凝土的极限抗拉强度，我们进行了防裂的理论计算，以便制订防裂措施。取平面尺寸及厚度较大的B_2块区进行验算，其短边长54.78m，厚2.5m，$2.5/54.78=0.048<0.2$，符合均匀收缩的假定。

1.计算绝热温升值及各龄期的降温温差

$$T_{max}=WQ/CV=335\times334720/(993.7\times2400)=47(℃)$$

龄期3d时水化热最大，其绝热温升值 $T_3=0.65\times T_{max}=0.65\times47=30.6$(℃)。

各龄期混凝土的降温温差如下：

$T_{(3-6)}=1.41$℃；$T_{(6-9)}=2.35$℃；$T_{(9-12)}=4.23$℃；

$T_{(12-15)}=4.7$℃；$T_{(15-18)}=4.23$℃；$T_{(18-21)}=2.8$℃；$T_{(21-24)}=1.9$℃；$T_{(24-27)}=1.41$℃；$T_{(27-30)}=0.47$℃。

2.各龄期混凝土的收缩当量温差

按 $T_{y(t)}=\varepsilon_{y(t)}/a$

$\varepsilon_{y(t)}=\varepsilon_{y0}(1-e^{-0.01t})\cdot M_1\cdot M_2\cdot\cdots\cdot M_n$

得：$T_{y(3-6)}=1.35$℃；$T_{y(6-9)}=1.31$℃；$T_{y(9-12)}=1.37$℃；$T_{y(12-15)}=1.26$℃；$T_{y(15-18)}=1.28$℃；$T_{y(18-21)}=1.18$℃；$T_{y(21-24)}=1.15$℃；$T_{y(24-27)}=2.31$℃；$T_{y(27-30)}=1.10$℃。

3.各龄期混凝土的综合温差

由各龄期的降温温差和收缩当量温差相加而得。

如：$T_{(3-6)}=1.41+1.35=2.76$(℃)

4.各龄期混凝土弹性模量

按公式 $E(T)=E_c(1-e^{-0.09t})$计算得：

$E_{(3)}=0.26\times105(1-e^{-0.09\times3})=0.0616\times10^5(\mathrm{N/mm^2})$；

$E_{(6)}=0.108\times10^5(\mathrm{N/mm^2})$；$E_{(9)}=0.1443\times10^5(\mathrm{N/mm^2})$；

$E_{(12)}=0.1716\times10^5(\mathrm{N/mm^2})$；$E_{(15)}=0.1924\times10^5(\mathrm{N/mm^2})$；

$E_{(18)}=0.2080\times10^5(\mathrm{N/mm^2})$；$E_{(21)}=0.2210\times10^5(\mathrm{N/mm^2})$；

$E_{(24)}=0.2370\times10^5(\mathrm{N/mm^2})$；$E_{(27)}=0.2371\times10^5(\mathrm{N/mm^2})$；

$E_{(30)}=0.2430\times10^5(\mathrm{N/mm^2})$。

5.计算最大温度应力

$$\Delta\sigma_i=E_i\cdot\alpha\cdot\Delta T_i\cdot\left(1-\frac{1}{\mathrm{ch}\beta\frac{L}{2}}\right)\cdot S$$

$$\beta=\sqrt{\frac{C_x}{H\cdot E}}$$

式中：C_x——地基土壤阻力系数，取10；

H——基础厚度，为250mm；

L——基础长度，为 5400mm；

a——混凝土线膨胀系数，为 1×10^5℃；

S——应力松弛系数，本章中 S 取 0.545。

$$\sigma_{(3-6)}=0.0616\times10^5+0.108\times10^5\times1\times10^{-5}\times2.762\times$$

$$\left(1-\frac{1}{\mathrm{ch}\sqrt{\frac{10}{250\times0.0848\times10^5}}\times\frac{5400}{2}}\right)\times0.545=0.127(\mathrm{N/mm^2})$$

同理得：$\sigma_{(6-9)}=0.17(\mathrm{N/mm^2})$；$\sigma_{(9-12)}=0.126(\mathrm{N/mm^2})$；

$\sigma_{(12-15)}=0.275(\mathrm{N/mm^2})$；$\sigma_{(15-18)}=0.276(\mathrm{N/mm^2})$；

$\sigma_{(18-21)}=0.18(\mathrm{N/mm^2})$；$\sigma_{(21-24)}=0.14(\mathrm{N/mm^2})$；

$\sigma_{(24-27)}=0.126(\mathrm{N/mm^2})$；$\sigma_{(27-30)}=0.073(\mathrm{N/mm^2})$；

$\sigma_{max}=\sigma_{(3-6)}+\sigma_{(6-9)}\cdots+\sigma_{(27-30)}=0.17+0.126\cdots+0.073=1.493(\mathrm{N/mm^2})$

6. 结论

混凝土 30d 龄期抗拉强度为 1.75N/mm²，抗拉安全系数为 1.75/1.493=1.172>1.15，能满足要求，但富余量不大，虽然设计中钢筋布置较密，且配有抗裂筋，亦应采取防裂措施。

3.2 筏板基础及侧壁计算

3.2.1 工程概况

本工程以③层圆砾层为持力层，地基承载力特征值为 220kPa。基础形式为筏板基础，混凝土强度等级为 C40，$f=19.1\mathrm{N/mm^2}$；受力钢筋均采用 HRB400 级，$f_y=360\mathrm{N/mm^2}$；根据地质报告，地下水位取−1.700m。

3.2.2 地基承载力修正及验算

$$\begin{aligned}f_a &= f_{ak}+\eta_b\gamma(b-3)+\eta_b\gamma(d-0.5)\\ &= 220+0.3\times8\times(6-3)+1.5\times8\times(5.65-0.5)\\ &= 289.0(\mathrm{kN/m^2})\end{aligned}$$

上部荷载作用下地基净反力（由地下室模型竖向导荷得）

$$f=61.6\mathrm{kN/m^2}<f_a\times289.0(\mathrm{kN/m^2})$$

3.2.3 地下室侧壁配筋计算

1. 双向板

(1) $l_x = 8.400\text{m}, l_y = 5.175(\text{m}), \dfrac{l_y}{l_x} = \dfrac{5.175}{8.4} = 0.62(\text{m})$

$E_{土} = rhK_a = 8.0 \times 5.175 \times \tan^2 45° = 41.4(\text{kN/m})$

$E_{水} = rh = 10.0 \times 3.475 = 34.75(\text{kN/m})$

$E_{合} = 1.27E_{水} + 1.27E_{土} = 52.6 + 44.1 = 96.7(\text{kN/m})$

查静力计算手册，得：

$M_{x\max} = 0.0072ql^2 = 0.0072 \times 96.7 \times 5.175^2 = 18.6(\text{kN} \cdot \text{m})$

$M_{y\max} = 0.0209ql^2 = 0.0209 \times 96.7 \times 5.175^2 = 54.1(\text{kN} \cdot \text{m})$

$M_x = -0.0354ql^2 = 0.0354 \times 96.7 \times 5.175^2 = -91.7(\text{kN} \cdot \text{m})$

$M_y = -0.0566ql^2 = -0.0566 \times 96.7 \times 5.175^2 = -146.6(\text{kN} \cdot \text{m})$

配筋计算：

取弯矩最大处进行计算，即取 $M = 146.6\text{kN} \cdot \text{m}$。混凝土强度等级为 C40，$f_c = 19.1\text{N/mm}^2$；$\alpha_1 = 1.0$；受力钢筋均采用 HRB400级，$f_y = 360\text{N/mm}^2$；$\xi_h = 0.523$；$\rho_{\min} = 0.2\%$。

相对受压区高度：

$$x = h_0\left(1 - \sqrt{1 - \frac{2M}{\alpha_1 f_c b h_0^2}}\right)$$

$$= 310 \times \left(1 - \sqrt{1 - \frac{2 \times 146600000}{1.0 \times 19.1 \times 1000 \times 310^2}}\right)$$

$$= 25.8(\text{mm}) < x_b = \xi_b h_0 = 0.523 \times 302 = 157.9(\text{mm})$$

则

$$A_s = \frac{\alpha_1 f_c b_x}{f_y} = \frac{1.0 \times 19.1 \times 1000 \times 25.8}{360} = 1368.8(\text{mm}^2)$$

实际配筋：内外均 Φ16@150　　$A_s = 1340(\text{mm}^2)$

(2) $l_x = 7.800\text{m}, l_y = 5.175(\text{m}), \dfrac{l_y}{l_x} = \dfrac{5.175}{7.8} = 0.66$

$E_{土} = rhK_a = 8.0 \times 5.175 \times \tan^2 45° = 41.4(\text{kN/m})$

$E_{水} = rh = 10.0 \times 3.475 = 34.75(\text{kN/m})$

$E_{合} = 1.27E_{水} + 1.27E_{土} = 52.6 + 44.1 = 96.7(\text{kN/m})$

查静力计算手册，得：

$M_{x\max} = 0.0081ql^2 = 0.0081 \times 96.7 \times 5.175^2 = 21(\text{kN} \cdot \text{m})$

$M_{y\max} = 0.0194ql^2 = 0.0194 \times 96.7 \times 5.175^2 = 54.1(\text{kN} \cdot \text{m})$

$$M_x = -0.0351ql^2 = 0.0351 \times 96.7 \times 5.175^2 = -90.9(\text{kN} \cdot \text{m})$$

$$M_y = -0.0542ql^2 = -0.0542 \times 96.7 \times 5.175^2 = -140.4(\text{kN} \cdot \text{m})$$

配筋计算：

取弯矩最大处进行计算，即取 $M=140.4\text{kN} \cdot \text{m}$。混凝土强度等级为 C40，$f_c=19.1\text{N/mm}^2$；$\alpha_1=1.0$；受力钢筋均采用 HRB400 级，$f_y=360\text{N/mm}^2$；$\xi_b=0.523$；$\rho_{\min}=0.2\%$。

相对受压区高度：

$$x = h_0\left(1-\sqrt{1-\frac{2M}{\alpha_1 f_c b h_0^2}}\right)$$

$$= 310 \times \left(1-\sqrt{1-\frac{2 \times 140400000}{1.0 \times 19.1 \times 1000 \times 310^2}}\right)$$

$$= 24.7(\text{mm}) < x_b = \xi_b h_0 = 0.523 \times 302 = 157.9(\text{mm})$$

则

$$A_s = \frac{\alpha_1 f_c b_x}{f_y} = \frac{1.0 \times 19.1 \times 1000 \times 24.7}{360} = 1310(\text{mm}^2)$$

实际配筋：内外均 Φ16@150　$A_s=1340(\text{mm}^2)$

2. E～F 轴间板

(1) $l_x = 4.000\text{m}, l_y = 5.175\text{m}, \frac{l_y}{l_x} = \frac{4.000}{5.175} = 0.77$

$$E_{土} = rhK_a = 8.0 \times 5.175 \times \tan^2 45° = 41.4(\text{kN/m})$$

$$E_{水} = rh = 10.0 \times 3.475 = 34.75(\text{kN/m})$$

$$E_{合} = 1.27E_{水} + 1.27E_{土} = 52.6 + 44.1 = 96.7(\text{kN/m})$$

查静力计算手册，得：

$$M_{x\max} = 0.0155ql^2 = 0.0155 \times 96.7 \times 5.175^2 = 40.1(\text{kN} \cdot \text{m})$$

$$M_{y\max} = 0.0094ql^2 = 0.0094 \times 96.7 \times 5.175^2 = 24.3(\text{kN} \cdot \text{m})$$

$$M_x = -0.0386ql^2 = -0.0386 \times 96.7 \times 5.175^2 = -100.0(\text{kN} \cdot \text{m})$$

$$M_y = -0.0394ql^2 = -0.0394 \times 96.7 \times 5.175^2 = -102.0(\text{kN} \cdot \text{m})$$

(2)配筋计算

取弯矩最大处进行计算，即取 $M=102.0\text{kN} \cdot \text{m}$。混凝土强度等级为 C40，$f_c=19.1\text{N/mm}^2$；$\alpha_1=1.0$；受力钢筋均采用 HRB400 级，$f_y=360\text{N/mm}^2$；$\xi_b=0.523$；$\rho_{\min}=0.2\%$。

相对受压区高度：

$$x = h_0\left(1-\sqrt{1-\frac{2M}{\alpha_1 f_c b h_0^2}}\right)$$

$$= 310 \times \left(1 - \sqrt{1 - \frac{2 \times 102000000}{1.0 \times 19.1 \times 1000 \times 310^2}}\right)$$

$$= 17.7(\text{mm}) < x_b = \xi_b h_0 = 0.523 \times 302 = 157.9(\text{mm})$$

则

$$A_s = \frac{\alpha_1 f_c b_x}{f_y} = \frac{1.0 \times 19.1 \times 1000 \times 17.7}{360} = 939(\text{mm}^2)$$

实际配筋：内外均 $\Phi16@150$　$A_s = 1340\text{mm}^2$

3.2.4　筏板基础计算

1. 冲切临界截面周长及极限惯性矩计算

(1)内柱

$$c_1 = h_c + h_0 = 800 + 890 = 1690(\text{mm})$$

$$c_2 = h_c + h_0 = 800 + 890 = 1690(\text{mm})$$

$$c_{AB} = \frac{c_1}{2} = \frac{1690}{2} = 845(\text{mm})$$

$$u_m = 2c_1 + 2c_2 = 2 \times 1690 + 2 \times 1690 = 6760(\text{mm})$$

$$I_s = \frac{c_1 h_0^3}{6} + \frac{c_1^3 h_0}{6} + \frac{c_2 h_0 c_1^2}{6}$$

$$= \frac{1690 \times 890^3}{6} + \frac{1690^3 \times 890}{6} + \frac{1690 \times 890 \times 1690^2}{6}$$

$$= 16305.2 \times 10^8(\text{mm}^4)$$

(2)边柱

$$c_1 = h_c + \frac{h_0}{2} = 800 + \frac{890}{2} = 1245(\text{mm})$$

$$c_2 = h_c + h_0 = 800 + 890 = 1690(\text{mm})$$

$$\bar{x} = \frac{c_1^2}{2c_1 + c_2} = \frac{1245^2}{2 \times 1245 + 1690} = 370.8(\text{mm})$$

$$c_{AB} = c_1 - \bar{x} = 1245 - 370.8 = 874.2(\text{mm})$$

$$u_m = 2c_1 + c_2 = 2 \times 1245 + 1690 = 4180(\text{mm})$$

$$I_s = \frac{c_1 h_0^3}{6} + \frac{c_1^3 h_0}{6} + 2h_0 c_1 \times \left(\frac{c_1}{2} - \bar{x}\right)^2 + c_2 h_0 x^{-2}$$

$$= \frac{1245 \times 890^3}{6} + \frac{1245^3 \times 890}{6} + 2 \times 890 \times 1245 \times$$

$$\left(\frac{1245}{2} - 370.8\right)^2 + 1690 \times 890 \times 370.8^2$$

$$= 7797.3 \times 10^8(\text{mm}^3)$$

(3)角柱

$$c_1 = h_c + \frac{h_0}{2} = 800 + \frac{890}{2} = 1245(\text{mm})$$

$$c_2 = h_c + \frac{h_0}{2} = 800 + \frac{890}{2} = 1245(\text{mm})$$

$$\bar{x} = \frac{c_1^2}{2c_1 + c_2} = \frac{1245^2}{2 \times 1245 + 1245} = 415(\text{mm})$$

$$c_{AB} = c_1 - \bar{x} = 1245 - 415 = 830(\text{mm})$$

$$u_m = c_1 + c_2 = 2 \times 1245 = 2490(\text{mm})$$

$$I_s = \frac{c_1 h_0^3}{12} + \frac{c_1^3 h_0}{12} + h_0 c_1 \times \left(\frac{c_1}{2} - \bar{x}\right)^2 + c_2 h_0 x^2$$

$$= \frac{1245 \times 890^3}{12} + \frac{1245^3 \times 890}{12} + 890 \times 1245 \times \left(\frac{1245}{2} - 415\right)^2 + 1245 \times 890 \times 415^2$$

$$= 4548.1 \times 10^8(\text{mm}^3)$$

2. 抗冲切及抗剪承载力验算

(1)内柱

取柱轴力最大处,即 9 轴/F 轴。

由地下室 PKPM 竖向导荷,知:$F_l = 5206\text{kN}$。

①抗冲切承载力验算

由上述计算知道:

$u_m = 6760(\text{mm})$;$c_1 = 1690(\text{mm})$;$c_2 = 1690(\text{mm})$;$c_{AB} = 845(\text{mm})$

$I_s = 16305.2 \times 10^8(\text{mm}^4)$

考虑作用在冲切临界截面重心上的不平衡弯矩较小,本计算予以忽略。即:$M_{unb} = 0$。

距柱边$\frac{h_0}{2}$处冲切临界截面的最大剪应力 τ_{max}:

$$\tau_{max} = \frac{F_1}{u_m h_0} + \frac{\alpha_s M_{unb} c_{AB}}{I_s} = \frac{5206}{6.76 \times 0.89} + 0 = 865.3(\text{kN/m}^2)$$

$$0.7 \times \left(0.4 + \frac{1.2}{\beta_s}\right)\beta_{hp} f_t = 0.7 \times \left(0.4 + \frac{1.2}{2}\right) \times 0.993 \times 1570$$

$$= 1091.3(\text{kN/m}^2) > \tau_{max} = 865.3\text{kN/m}^2$$

满足要求。

②抗剪承载力验算

$$V_s = \frac{5206}{2.7 \times 2.7} = 714.2(\text{kN})$$

受剪切承载力截面高度影响系数 β_{hs}：

$$\beta_{hs}=\left(\frac{800}{h_0}\right)^{1/4}=\left(\frac{800}{890}\right)^{1/4}=0.974$$

$0.7\beta_{hs}f_t b_w h_0=0.7\times0.974\times1570\times1\times0.89=952.7(\text{kN})>V_s=714.2\text{kN}$

满足要求。

(2)边柱

取柱轴力最大处，即 10 轴/F 轴。

由地下室 PKPM 竖向导荷，知：

$$F_1=2964+146\times2+75+158\times2+137+98=3882(\text{kN})$$

①抗冲切承载力验算

由上述计算知道：

$u_m=4180(\text{mm})$；$c_1=1245(\text{mm})$；$c_2=1690(\text{mm})$；$c_{AB}=874.2(\text{mm})$

$I_s=7797.3\times10^8(\text{mm}^4)$

考虑作用在冲切临界截面重心上的不平衡弯矩较小，本计算予以忽略。即：$M_{unb}=0$。

因底板外挑 1.2m，故距柱边$\frac{h_0}{2}$处冲切临界截面的周长：

$$u_m=2c_1+2c_2=2\times1245+2\times1690=5870(\text{mm})$$

距柱边$\frac{h_0}{2}$处冲切临界截面的最大剪应力 τ_{max}：

$$\tau_{max}=\frac{F_1}{u_m h_0}+\frac{\alpha_s M_{unb}c_{AB}}{I_s}=\frac{3882}{5.87\times0.89}+0=743.1(\text{kN/m}^2)$$

$$0.7\times\left(0.4+\frac{1.2}{\beta_s}\right)\beta_{hp}f_t=0.7\times\left(0.4+\frac{1.2}{2}\right)\times0.993\times1570$$

$$=1091.3(\text{kN/m}^2)>\tau_{max}=743.1(\text{kN/m}^2)$$

满足要求。

②抗剪承载力验算

$$V_s=\frac{3882}{2.7\times2.7}=532.5(\text{kN})$$

受剪切承载力截面高度影响系数 β_{hs}：

$$\beta_{hs}=\left(\frac{800}{h_0}\right)^{1/4}=\left(\frac{800}{890}\right)^{1/4}=0.974$$

$0.7\beta_{hs}f_t b_w h_0=0.7\times0.974\times1570\times1\times0.89=952.7(\text{kN})>V_s=532.5(\text{kN})$

满足要求。

(3)角柱

取柱轴力最大处,即1轴/J轴。

由地下室PKPM竖向导荷,知:

$$F_1=2947+146+137+116+79+167+86+77+25+80=3860(\text{kN})$$

①抗冲切承载力验算

由上述计算知道

$$u_m=2490(\text{mm});c_1=1245(\text{mm});c_2=1245(\text{mm});c_{AB}=830(\text{mm})$$

$$I_s=4548.1\times10^8\text{mm}^4$$

考虑作用在冲切临界截面重心上的不平衡弯矩较小,本计算予以忽略。即:$M_{unb}=0$。

因底板外挑1.2m,故距柱边$\frac{h_0}{2}$处冲切临界截面的周长:

$$u_m=2c_1+2c_2=2\times1245+2\times1245=4980(\text{mm})$$

距柱边$\frac{h_0}{2}$处冲切临界截面的最大剪应力τ_{max}:

$$\tau_{max}=\frac{F_1}{u_m h_0}+\frac{\alpha_s M_{unb}c_{AB}}{I_s}=\frac{3860}{4.98\times0.89}+0=870.9(\text{kN/m}^2)$$

$$0.7\times\left(0.4+\frac{1.2}{\beta_s}\right)\beta_{hp}f_t=0.7\times\left(0.4+\frac{1.2}{2}\right)\times0.993\times1570$$

$$=1091.3(\text{kN/m}^2)>\tau_{max}=870.9(\text{kN/m}^2)$$

满足要求。

②抗剪承载力验算

$$V_s=\frac{3860}{2.7\times2.7}=529.5(\text{kN})$$

受剪切承载力截面高度影响系数β_{hs}:

$$\beta_{hs}=\left(\frac{800}{h_0}\right)^{1/4}=\left(\frac{800}{890}\right)^{1/4}=0.974$$

$$0.7\beta_{hs}f_t b_w h_0=0.7\times0.974\times1570\times1\times0.89=952.7(\text{kN})>V_s=529.5\text{kN}$$

满足要求。

3.筏板承载力计算

计算模型为倒无梁楼盖,无帽顶板柱帽,采用等代框架法计算。

等代框架法是把整个结构分别沿纵、横柱列划分为具有“等代框架柱”和“等代框架梁”的纵向等代框架和横向等代框架。

(1)X方向

①等代框架构件尺寸确定

等代梁(取 E 轴计算):

取梁截面宽度取板跨中心线间距(12000+84000)/2=10200(mm);

梁截面高度取板厚 950mm;本结构采用无帽顶板柱帽;梁跨度取 8400mm。

梁截面惯性矩为:

$$I_b = 1/12 \times 10.2 \times 0.95^3 = 0.0729(\text{m}^4)$$

等代柱:

柱截面尺寸 800mm×800mm;柱高 5175mm。

柱截面惯性矩:

$$I_b = 1/12 \times 0.8 \times 0.8^3 = 0.0341(\text{m}^4)$$

②内力计算

梁上均布荷载 $q=61.6\times10.2=628.32(\text{kN/m})$

其中 61.6kN/m^2 为地基净反力。取 $q=630\text{kN/m}$。

计算简图如图 3-2,分层法和弯矩分配法计算如下:

利用对称性取半跨,柱弯矩传递系数取 0.5,计算简图如图 3-3。

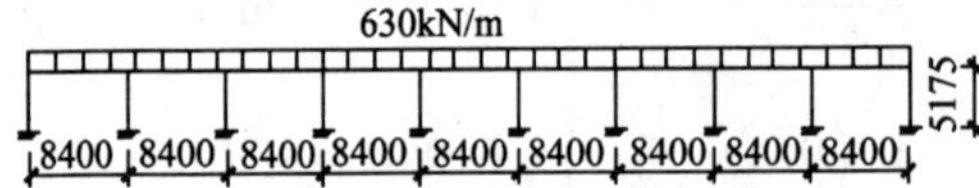

图 3-2 内力计算简图

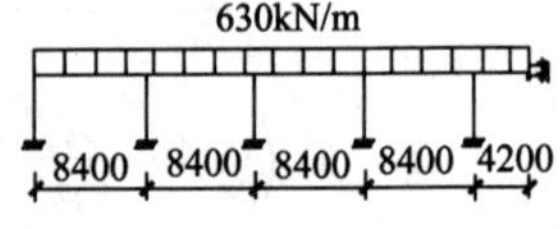

图 3-3 内力计算简图(半跨)

计算各杆转动刚度及分配系数:

$$i_{AG} = \frac{E\times0.0341}{5.175} = 0.00659E \qquad i_{AB} = \frac{E\times0.729}{8.4} = 0.08679E$$

令 $i_{AG}=i$,则 $i_{AB}=13.2i$

各杆转动刚度:

$S_{AG}=4i \qquad S_{AB}=4\times13.2i=52.2i \qquad S_{EF}=13.2i$

各杆分配系数:

$$u_{AG}=\frac{S_{AG}}{\sum\limits_A S}=\frac{4i}{56.8i}=0.070 \qquad u_{AB}=\frac{S_{AG}}{\sum\limits_A S}=\frac{52.8i}{56.8i}=0.930$$

$$u_{BH}=\frac{S_{BH}}{\sum\limits_B S}=\frac{4i}{109.6i}=0.036 \qquad u_{BA}=u_{BC}=\frac{S_{BA}}{\sum\limits_A S}=\frac{52.8i}{109.6i}=0.482$$

$$u_{CK}=\frac{S_{CK}}{\sum\limits_C S}=\frac{4i}{109.6i}=0.036 \qquad u_{CB}=u_{CD}=\frac{S_{BA}}{\sum\limits_A S}=\frac{52.8i}{109.6i}=0.482$$

$$u_{DM}=\frac{S_{DM}}{\sum\limits_D S}=\frac{4i}{109.6i}=0.036 \qquad u_{DC}=u_{DE}=\frac{S_{DE}}{\sum\limits_D S}=\frac{52.8i}{109.6i}=0.482$$

$u_{EN}=\frac{S_{EN}}{\sum\limits_{E}S}=\frac{4i}{70.0i}=0.057$ $u_{ED}=\frac{S_{ED}}{\sum\limits_{E}S}=\frac{52.8i}{70.0i}=0.754$

$u_{EF}=\frac{S_{EF}}{\sum\limits_{E}S}=\frac{13.2i}{70.0i}=0.189$

计算各杆件由荷载所产生的固端弯矩：

$$M^F_{AB}=-\frac{1}{12}ql^2=-\frac{1}{12}\times 630.0\times 8.4^2=-3704.4(\text{kN}\cdot\text{m})$$

$$M^F_{BA}=\frac{1}{12}ql^2=\frac{1}{12}\times 630.0\times 8.4^2=3704.4(\text{kN}\cdot\text{m})$$

$$M^F_{BC}=-\frac{1}{12}ql^2=-\frac{1}{12}\times 630.0\times 8.4^2=-3704.4(\text{kN}\cdot\text{m})$$

$$M^F_{CB}=\frac{1}{12}ql^2=\frac{1}{12}\times 630.0\times 8.4^2=3704.4(\text{kN}\cdot\text{m})$$

$$M^F_{CD}=-\frac{1}{12}ql^2=-\frac{1}{12}\times 630.0\times 8.4^2=-3704.4(\text{kN}\cdot\text{m})$$

$$M^F_{DC}=\frac{1}{12}ql^2=\frac{1}{12}\times 630.0\times 8.4^2=3704.4(\text{kN}\cdot\text{m})$$

$$M^F_{DE}=-\frac{1}{12}ql^2=-\frac{1}{12}\times 630.0\times 8.4^2=-3704.4(\text{kN}\cdot\text{m})$$

$$M^F_{ED}=\frac{1}{12}ql^2=\frac{1}{12}\times 630.0\times 8.4^2=3704.4(\text{kN}\cdot\text{m})$$

$$M^F_{EF}=-\frac{1}{3}ql^2=-\frac{1}{3}\times 630.0\times 8.4^2=-14817.6(\text{kN}\cdot\text{m})$$

$$M^F_{FE}=-\frac{1}{6}ql^2=-\frac{1}{6}\times 630.0\times 8.4^2=-7408.8(\text{kN}\cdot\text{m})$$

弯矩图见图 3-4。

弯矩最大值为：$M_{EF}=12485.3\text{kN}\cdot\text{m}$

等代框架法板带分配弯矩系数 表 3-1

截面		柱上板带	跨中板带
内跨	支座负弯矩	0.75	0.25
	跨中正弯矩	0.55	0.45
边跨	第一内支座负弯矩	0.75	0.25
	跨中正弯矩	0.55	0.45
	边跨支座负弯矩	0.9	0.10

由表 3-1 得：

内跨柱上板带分配弯矩：$M=0.75\times 12485.3=9364.0(\text{kN}\cdot\text{m})$

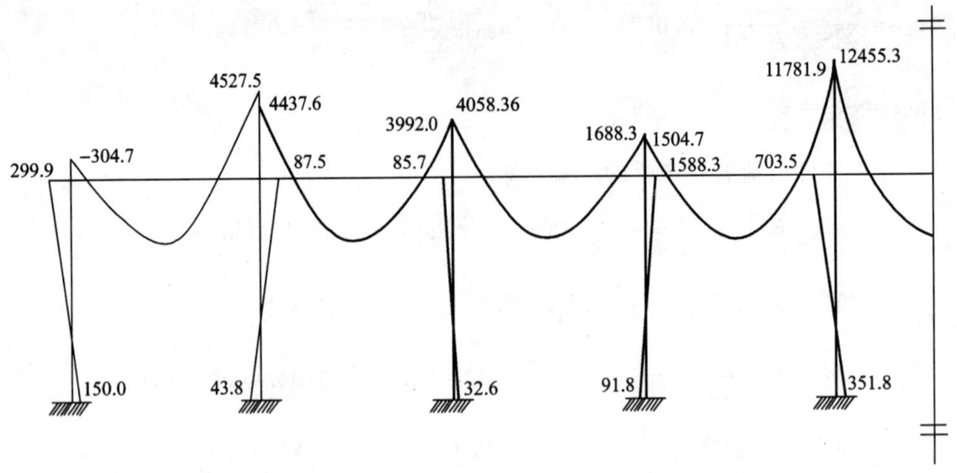

图 3-4　弯矩图

内跨跨中板带分配弯矩：$M=0.55\times12485.3=6866.9(\text{kN}\cdot\text{m})$

③配筋计算

取弯矩最大处进行计算，即取 $M=9364.0\text{kN}\cdot\text{m}$。混凝土强度等级为 C40，$f_c=19.1\text{N/mm}^2$；$\alpha_1=1.0$；受力钢筋均采用 HRB400 级，$f_y=360\text{N/mm}^2$；$\xi_b=0.523$；$\rho_{min}=0.2\%$。

相对受压区高度：

$$x=h_0\left(1-\sqrt{1-\frac{2M}{\alpha_1 f_c b h_0^2}}\right)$$

$$=890\times\left(1-\sqrt{1-\frac{2\times9364000000}{1.0\times19.1\times10200\times890^2}}\right)$$

$$=55.8(\text{mm})<x_b=\xi_b h_0=0.523\times890=465.5(\text{mm})$$

则

$$A_s=\frac{\alpha_1 f_c bx}{f_y}=\frac{1.0\times19.1\times10200\times55.8}{360}=30197(\text{mm}^2)$$

每 m 跨度配筋面积为：$A_s=\dfrac{30197.1}{10200}\times1000=2960.5(\text{mm}^2)$

$A_{smin}=0.2\%\times1000\times950=1900(\text{mm}^2)$

实际配筋：HRB400 级钢，ϕ25@130mm，$A_s=3776\text{mm}^2$

满足要求。

(2)Y 方向

①等代框架构件尺寸确定

等代梁(取5轴计算):

取梁截面宽度取板跨中心线间距8400mm;梁截面高度取板厚950mm;本结构采用无帽顶板柱帽;梁跨度取分别为7800mm、8400mm、12000mm。

梁截面惯性矩为:

$$I_b = 1/12 \times 8.4 \times 0.95^3 = 0.600(m^4)$$

等代柱:

柱截面尺寸800mm×800mm;柱高5175mm。

柱截面惯性矩:

$$I_b = 1/12 \times 0.8 \times 0.8^3 = 0.0341(m^4)$$

②内力计算

梁上均布荷载$q = 61.6 \times 10.2 = 628.32(kN/m)$

计算简图如图3-5。

分层法和弯矩分配法计算如下:

截取12m跨度中点左半跨进行计算,柱弯矩传递系数取0.5,计算简图如图3-6。

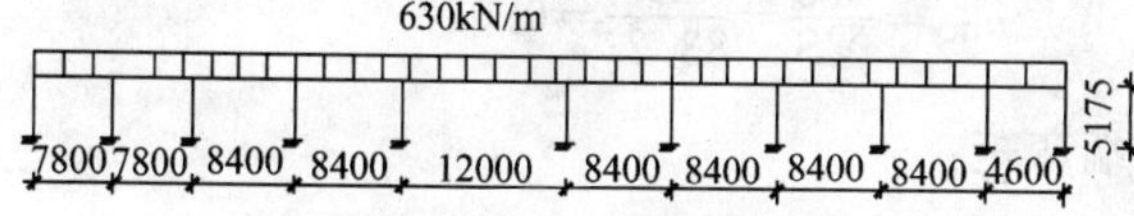

图3-5 内力计算简图

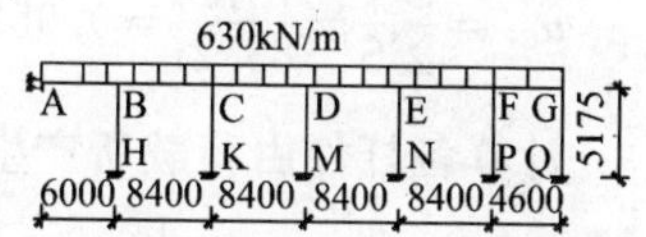

图3-6 内力计算简图(半跨)

计算各杆转动刚度及分配系数:

$$i_{BH} = \frac{E \times 0.0341}{5.175} = 0.00659E \qquad i_{AB} = \frac{E \times 0.60}{6.0} = 0.10000E$$

$$i_{BC} = i_{CD} = i_{DE} = i_{EF} = \frac{E \times 0.60}{8.4} = 0.07143E$$

$$i_{FG} = \frac{E \times 0.60}{4.6} = 0.13043E$$

令$i_{BH} = i$则$i_{AB} = 15.2i$

$$i_{BC} = i_{CD} = i_{DE} = i_{EF} = 10.8i$$

$$i_{FG} = 19.8i$$

各杆转动刚度:

$S_{AB} = 15.2i$

$S_{BC} = S_{CD} = S_{DE} = S_{EF} = 4 \times 10.8i = 43.2i$

$S_{FG} = 4 \times 19.8i = 79.2i$

$S_{BH} = 4 \times i = 4i$

各杆分配系数：

$$u_{BH}=\frac{S_{BH}}{\sum\limits_{B}S}=\frac{4i}{62.4i}=0.064 \qquad u_{BA}=\frac{S_{BA}}{\sum\limits_{B}S}=\frac{15.2i}{62.4i}=0.244$$

$$u_{BC}=\frac{S_{BC}}{\sum\limits_{B}S}=\frac{43.2i}{62.4i}=0.692 \qquad u_{CB}=u_{CD}=\frac{S_{CB}}{\sum\limits_{C}S}=\frac{43.2i}{90.4i}=0.478$$

$$u_{CK}=\frac{S_{CK}}{\sum\limits_{C}S}=\frac{4i}{90.4i}=0.044 \qquad u_{DC}=u_{DE}=\frac{S_{DC}}{\sum\limits_{D}S}=\frac{43.2i}{90.4i}=0.478$$

$$u_{DM}=\frac{S_{DM}}{\sum\limits_{D}S}=\frac{4i}{90.4i}=0.044 \qquad u_{ED}=u_{EF}=\frac{S_{ED}}{\sum\limits_{E}S}=\frac{43.2i}{90.4i}=0.478$$

$$u_{EN}=\frac{S_{EN}}{\sum\limits_{E}S}=\frac{4i}{70.0i}=0.057 \qquad u_{ED}=\frac{S_{ED}}{\sum\limits_{E}S}=\frac{52.8i}{70.0i}=0.754$$

$$u_{EN}=\frac{S_{EN}}{\sum\limits_{E}S}=\frac{4i}{90.4i}=0.044 \qquad u_{FE}=\frac{S_{FE}}{\sum\limits_{F}S}=\frac{43.2i}{126.4i}=0.342$$

$$u_{FG}=\frac{S_{FG}}{\sum\limits_{F}S}=\frac{79.2i}{126.4i}=0.627 \qquad u_{FP}=\frac{S_{FP}}{\sum\limits_{F}S}=\frac{4i}{126.4i}=0.031$$

$$u_{GF}=\frac{S_{GF}}{\sum\limits_{G}S}=\frac{79.2i}{83.2i}=0.952 \qquad u_{GQ}=\frac{S_{GQ}}{\sum\limits_{G}S}=\frac{4i}{83.2i}=0.048$$

计算各杆件由荷载所产生的固端弯矩：

$$M_{AB}^{F}=-\frac{1}{6}ql^2=-\frac{1}{6}\times 630.0\times 6.0^2=-3780.0(\text{kN}\cdot\text{m})$$

$$M_{BA}^{F}=\frac{1}{3}ql^2=\frac{1}{3}\times 630.0\times 6.0^2=7560.0(\text{kN}\cdot\text{m})$$

$$M_{BC}^{F}=-\frac{1}{12}ql^2=-\frac{1}{12}\times 630.0\times 8.4^2=-3704.4(\text{kN}\cdot\text{m})$$

$$M_{CB}^{F}=\frac{1}{12}ql^2=\frac{1}{12}\times 630.0\times 8.4^2=3704.4(\text{kN}\cdot\text{m})$$

$$M_{CD}^{F}=-\frac{1}{12}ql^2=-\frac{1}{12}\times 630.0\times 8.4^2=-3704.4(\text{kN}\cdot\text{m})$$

$$M_{DC}^{F}=\frac{1}{12}ql^2=\frac{1}{12}\times 630.0\times 8.4^2=3704.4(\text{kN}\cdot\text{m})$$

$$M_{DE}^{F}=-\frac{1}{12}ql^2=-\frac{1}{12}\times 630.0\times 8.4^2=-3704.4(\text{kN}\cdot\text{m})$$

$$M_{ED}^{F}=\frac{1}{12}ql^2=\frac{1}{12}\times 630.0\times 8.4^2=3704.4(\text{kN}\cdot\text{m})$$

$$M_{EF}^{F}=-\frac{1}{12}ql^2=-\frac{1}{12}\times 630.0\times 8.4^2=-3704.4(\text{kN}\cdot\text{m})$$

$$M_{FE}^{F}=\frac{1}{12}ql^{2}=\frac{1}{12}\times 630.0\times 8.4^{2}=3704.4(kN\cdot m)$$

$$M_{FG}^{F}=-\frac{1}{12}ql^{2}=-\frac{1}{12}\times 630.0\times 4.6^{2}=-1110.9(kN\cdot m)$$

$$M_{GF}^{F}=\frac{1}{12}ql^{2}=\frac{1}{12}\times 630.0\times 4.6^{2}=1110.9(kN\cdot m)$$

弯矩图如图 3-7。

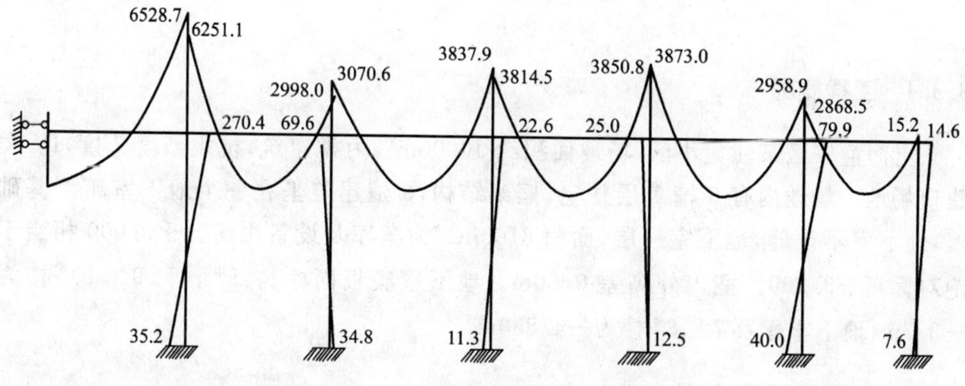

图 3-7　弯矩图

弯矩最大值为：$M_{EF}=12485.3kN\cdot m$

由表 3-1 得：

内跨柱上板带分配弯矩：$M=0.75\times 6528.7=4896.5(kN\cdot m)$

内跨跨中板带分配弯矩：$M=0.55\times 6528.7=3590.8(kN\cdot m)$

③配筋计算

取弯矩最大处进行计算，即取 $M=9364.0kN\cdot m$。混凝土强度等级为 C40，$f_c=19.1N/mm^2$；$\alpha_1=1.0$；受力钢筋均采用 HRB400 级，$f_y=360N/mm^2$；$\xi_b=0.523$；$\rho_{min}=0.2\%$。

相对受压区高度：

$$x=h_0\left(1-\sqrt{1-\frac{2M}{\alpha_1 f_c bh_0^2}}\right)$$

$$=890\times\left(1-\sqrt{1-\frac{2\times 4896500000}{1.0\times 19.1\times 8400\times 890^2}}\right)$$

$$=35.0(mm)<x_b=\xi_b h_0=0.523\times 890=465.5(mm)$$

则

$$A_s=\frac{\alpha_1 f_c bx}{f_y}=\frac{1.0\times 19.1\times 8400\times 35}{360}=15595(mm^2)$$

每 m 跨度配筋面积为：$A_{s1}=\frac{15598}{8400}\times1000=1856.9(\mathrm{mm}^2)$

$$A_{smin}=0.2\%\times1000\times950=1900(\mathrm{mm}^2)$$

实际配筋：HRB400 级钢，ϕ25@130mm，$A_s=3776\mathrm{mm}^2$

满足要求。

3.3 筏板基础复合桩基计算

3.3.1 工程概况

上海静安区某住宅小区，场地面积约 10000m²，丙类建筑，抗震烈度 7 度，IV 类建筑场地。场地内有 6 幢 7 层住宅，框架结构，6 幢建筑坐在一个地下室箱型基础上，地下室不设缝，地下室一层，面积 8100m²，为车库及设备用房。±0.000 相当于绝对标高+3.200。室内外高差 0.30m。地下室底板面标高：5#、6#、9#、10# 楼为 -3.7m，地下车库及 7#、8# 楼为 -4.850m。

3.3.2 工程地质概况（见表 3-2）

土层物理力学性质综合成果表　　表 3-2

土　名	深度	厚度	γ	f_k	E_s	q_{sia}	q_{pa}
	(m)	(m)	(kN/m³)	(kPa)	(MPa)	(kPa)	(kPa)
①填土	1.79	1.79	18.0				
②褐黄色粉质黏土	3.79	2	19.0	110	3.67	15	
③灰色淤泥质粉质黏土夹砂	7.09	3.3	17.8	95	2.80	15	
④灰色淤泥质黏土	16.49	9.4	17.1	70	2.07	20	
⑤1 灰色黏土夹砂	19.49	3	18.0	75	3.27	30	600
⑤2 灰色粉质黏土	27.59	8.1	18.2	95	6.12	45	1000
⑥暗绿色粉质黏土	30.59	3	20.1		10.43	80	
⑦灰绿—草黄色砂质粉土	45.59	15	19.2		22.39		
⑧灰色粉质黏土			18.5		10.09		

根据勘察报告所提供的土层数据，场地地下水位较高，在地震烈度 7 度的条件下，场地 15m 深度范围内的土层不发生液化，该场地土类型为中软场地土，建筑场地为Ⅳ类。基础持力层为第③层灰色淤泥质粉质黏土夹砂层，该层土呈软塑-流塑，土质不均匀，局部夹砂。第⑤层 2 灰色粉质黏土，P_s 值平均在 4.2～4.5MPa 左右，属中压缩性土，层厚度较大，可以作为桩基持力层。

3.3.3 复合桩设计

该小区的6幢住宅均为多层框架结构，上部结构荷载并不大，但由于中间有两大块地下车库，并且同用一个地下室箱形基础，地下室底板面积达到8100m²，使基础设计变得复杂起来。由于多层住宅与地下车库的荷载差异较大，而车库几乎没有什么沉降，因此该工程基础设计的基本原则就是有效地控制6幢住宅的沉降量，减少整个基础的差异沉降。这样也可以有效地减小基础底板的内力。

1. 基础设计方案比较

基础设计时进行了几种地基基础方案对比：

(1)考虑地下室的补偿作用，采用箱形基础天然地基。地基持力层为第③层灰色淤泥质黏土夹砂层。

(2)采用桩基础，筏板以下梅花形布桩，桩端持力层为第⑥层暗绿色粉质黏土层。

(3)采用复合桩基，由基底土层与桩基础共同承担上部结构荷载，并协调变形。

对以上方案，设计根据上海地区规范，采用SFC基础设计软件进行了沉降计算，发现方案一的设计由于天然地基的持力层强度较低，计算沉降较大，住宅与车库间的差异沉降也较大。而方案二能够有效地控制沉降，但造价较高。因此设计考虑采用方案三：复合桩基设计，因为大面积的筏板基础使基底土层已足以分担上部结构荷载，并承担部分沉降，而适宜的桩基础可有效地控制沉降量。这样的设计可降低工程造价，更为合理。综合各种因素，最后桩基础采用250mm×250mm方桩，桩长16m，桩端持力层为第⑤层2灰色粉质黏土层。

2. 复合桩基设计

(1)单桩竖向承载力计算

根据《上海市地基基础设计规范》(DGJ 08—11—1999)

$$R_k = U_p \sum f_s i_1 + f_p A_p$$

$$\begin{aligned} R_k &= 4\times 0.25\times(3.14\times 15+9.4\times 20+3\times 30+4.46\times 45)+0.25^2\times 1000 \\ &= 408.3(\text{kN}) \end{aligned}$$

复合桩基设计采用桩 $R_k = 320\text{kN}$

(2)复合桩基布置

桩基础采用250mm×250mm方桩，桩长16m，桩端持力层为⑤2灰色粉质黏土层。

上部结构荷载：

5#、6#楼：$F_d = 240447.5\text{kN}$，$A = 1572.3\text{m}^2$，地下室深度−3.700；

7#、8#楼：$F_d = 229081.25\text{kN}$，$A = 1466.1\text{m}^2$，地下室深度−4.850；

$9^{\#}$、$10^{\#}$楼：$F_d=232475kN$，$A=1503m^2$，地下室深度－3.700；

地下车库：$F_d=148487kN$，$A=3547.6m^2$，地下室深度－4.850。

根据上部结构的荷载数据及地下室布置情况对各栋住宅分别进行布桩设计：

$$Q=(F_d+G_d)/1.25-\sigma_{cAc}$$

$5^{\#}$、$6^{\#}$楼：389 根；桩：$Q/n=100772/389=259$(kN/根)；

$7^{\#}$、$8^{\#}$楼：198 根；桩：320(kN/根)；土：$Q=kR_k/A=3.03kN/m$；

$9^{\#}$、$10^{\#}$楼：382 根；桩：$Q/n=98429.8/382\sim258kN/$根。

对于本工程有 6 幢建筑及车库作用于同一基础的沉降计算，等代基础的方法已不再适用，因此沉降计算采用明德林(Mindlin)公式。设地基为弹性半空间体，而桩为作用于其中的沿桩长方向分布的侧摩阻力和桩端集中端阻力，通过积分求出这些力产生的附加应力。该方法考虑了群桩的影响，比较合理地体现了建筑物沉降的分布情况和影响。沉降表达式如下：

$$s=\varphi_m\sum 1/E_{s,\tau}\sum\sigma_{z,\tau}\Delta H_{\tau,i}$$

$$\sigma_Z=Q/L^2\sum[\alpha I_{p,j}+(1-\alpha)I_{s,j}]$$

本工程沉降计算利用 SFIC 复合桩基设计程序《上海市地基基础设计规范》(DGJ 08—11—1999)配套程序计算，沉降分别为 9.44cm、10.5cm、10.15cm。各楼的荷载重心分别与各个桩位形心的偏差 X、Y 向均<0.20m、<1.5%。

3. 大底板设计、计算

由于该工程是 6 幢住宅与地下车库同时作用于一整块地下室底板基础，底板受力情况复杂，底板设计、计算需要考虑以下几方面问题：

(1)中间地下车库的沉降假定。

(2)各单元弹簧刚度的取法。

(3)底板计算中的桩、土反力如何分担，如何考虑桩土共同作用。

中间地下车库因补偿作用，上部结构荷载与水浮力和自重应力相抵消，因而理论上沉降 $s=0$。但由于车库两边均有多层荷载且同作用于一块底板基础，实际上是有沉降存在的，但现有的设计计算手段尚难以估算两面沉降对中间部分的影响，因此需要对地下车库的沉降进行假定。根据 Mindlin 沉降计算方法所绘的沉降影响线，中央地下车库受两边住宅的影响的沉降量估计为 0.8cm。事实证明这样的估计是比较符合实际情况的。底板设计采用整板式，板厚分两种，6 幢多层下底板厚度为 600mm，中间地下车库底板考虑土反力的作用厚度为 800mm，板厚符合抗冲切的验算要求。底板计算采用上海现代设计集团的底板计算程序，考虑桩作为弹簧支座，$k=R/s$(R 为单桩竖向力标准值，s 为计算沉降量)，土反力作为与上部荷载方向相反的面荷载反作用于底板。底板内力计算采用有限元分析的方法，将底板细分为网格状单元，上部荷载和桩基弹簧作用于单元节点上，并考虑剪力墙的约束，运用有限元分析程序进行内力计算，并绘出内力分布等值线图。由于桩基础设计采用的是复合桩设计，底板计算要考虑桩土共同作用，结构主体部分桩与土对上部结构的分担比例按两种最不利的情况分别计算：

(1)桩反力最大，即桩反力接近于桩极限承载力，剩下的荷载由土承担。

(2)土反力最大，即土承担大部分的荷载，本次设计考虑土体承担70%的上部结构荷载，桩承担70%。

此外，中间地下车库的土反力采用这样的假定：先用沉降计算软件估算假定地下车库单体箱型基础沉降8cm时，所需的上部结构面荷载作为土反力作用于底板。根据以上假定确定了主要的设计参数如下：

(1)桩反力最大的情况

桩弹簧刚度：$k=R_k/s$

$k=320000/94.4=3389.83\text{MPa}$(5#、6#楼)

$k=320000/105=3047.62\text{MPa}$(7#、8#楼)

$k=320000/102=3137.262\text{MPa}$(9#、10#楼)

考虑到桩型相同，为简化计算取其平均值 $k=3192\text{MPa}$。

土反力：$q=[(F_d+G_d)/1.25-kR_k]/A$

$q=29.57\text{kN/m}$(5#、6#楼)

$q=59\text{kN/m}$(7#、8#楼)

$q=28.8\text{kN/m}$(9#、10#楼)

(2)土反力最大的情况

桩弹簧刚度：$k=[(F_d+G_d)/1.25\times 30\%]/n/S$

$k=1396.8\text{MPa}$(5#、6#楼)

$k=2162.3\text{MPa}$(7#、8#楼)

$k=1274.6\text{MPa}$(9#、10#楼)

土反力：$q=[(F_d+G_d)/1.25\times 70\%]/A$

$q=95.15\text{kN/m}^2$(5#、6#楼)

$q=89.43\text{kN/m}^2$(7#、8#楼)

$q=96.37\text{kN/m}^2$(9#、10#楼)

(3)地下车库土反力假定

反算地下车库沉降为8cm时的基底附加应力为24kPa，这样地基土作用在底板的反力为73.5kPa。

第4章 箱形基础

4.1 高层建筑箱形基础计算

如图 4-1，某 12 层工程建筑，纵向 14 节间。基础 C20 混凝土，$E_s=1.6\times107(\text{kN/m}^2)$。框架梁、板、柱均采用 C30 混凝土，$E_b=3.0\times107(\text{kN/m}^2)$，上部结构梁截面为 250mm×450mm，柱截面为 5000mm×500mm。每榀框架轴力中柱为边柱的 2 倍。

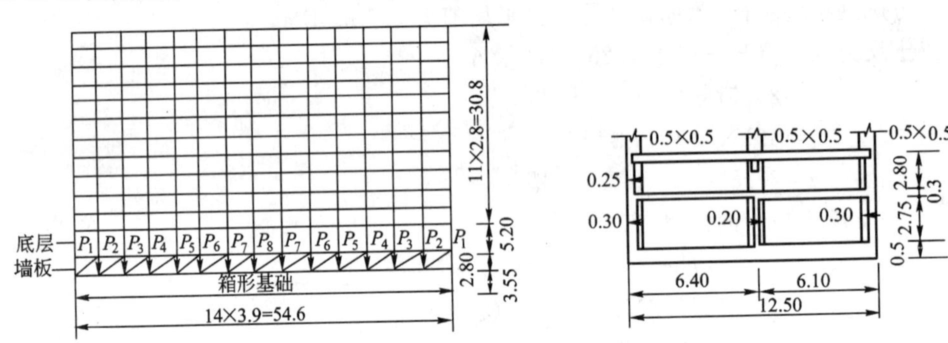

图 4-1　基础结构图(尺寸单位：m)

已知：

柱列荷重：$P_1=3.01\times10^3$kN；$P_2=6.05\times10^3$kN；$P_3=7.2\times10^3$kN；$P_4=7.15\times10^3$kN；$P_5=6.03\times10^3$kN；$P_6=6.0\times10^3$kN；$P_7=6.30\times10^3$kN；$P_a=6.35\times10^3$kN。

箱基自重：G=2.216×104kN。

地质条件如图 4-2。

1. 承载力验算

基础以上土的加权平均重度：

$$\gamma_m=\frac{5.6\times18+(19-10)\times(6.35-5.6)}{6.35}=16.94(\text{kN/m}^2)$$

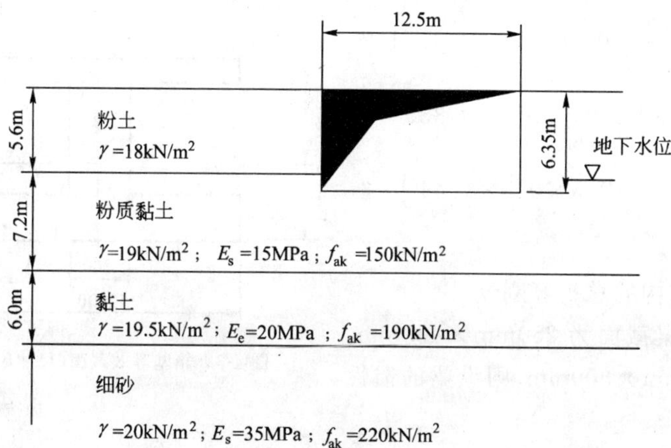

图 4-2 地质条件

地基承载力特征值的修正：

$$\begin{aligned} f_a &= f_{ak} + \eta_b \gamma (b-3) + \eta_b \gamma_m (d-0.5) \\ &= 150 + 0.3 \times 9 \times (6-3) + 1.5 \times 16.94 \times (6.35-0.5) \\ &= 306.75(\text{kN/m}^2) \end{aligned}$$

基底平均反力：

$$\sum F = 2 \times (P_1 + \cdots + P_7) + P_8 = 8.983 \times 10^4 \text{kN}$$

$$P = \frac{G + \sum F}{A} = \frac{(8.983 + 2.216) \times 10^4}{54.6 \times 12.5}$$

$$= 164.09(\text{kN/m}^2) < f_a = 306.75(\text{kN/m}^2)$$

因柱排列和荷载对称，$M_x = M_y = 0$，所以地基承载力满足要求。

2. 整体弯矩计算

(1)箱形基础刚度计算

将箱基截面等效为工字形截面（如图 4-3），腹板厚 $d = (300 + 200 + 300) = 800\text{mm}$。

x 轴距离顶面距离为：

$$y_0 = \frac{0.30 \times 12.5 \times 0.15 + 0.8 \times 2.75 \times 1.675 + 0.5 \times 12.5 \times 3.30}{0.30 \times 12.5 + 2.75 \times 0.8 + 0.5 \times 12.5} = 1.86(\text{m})$$

利用移轴公式计算箱基截面惯性矩：

$$I_b=\frac{12.5\times0.30^3}{12}+0.30\times12.5\times1.71^2+\frac{0.8\times2.75^3}{12}+0.8\times2.75\times0.335^2+\frac{12.5\times0.5^3}{12}+12.5\times0.5\times1.44^2=25.71(\mathrm{m}^4)$$

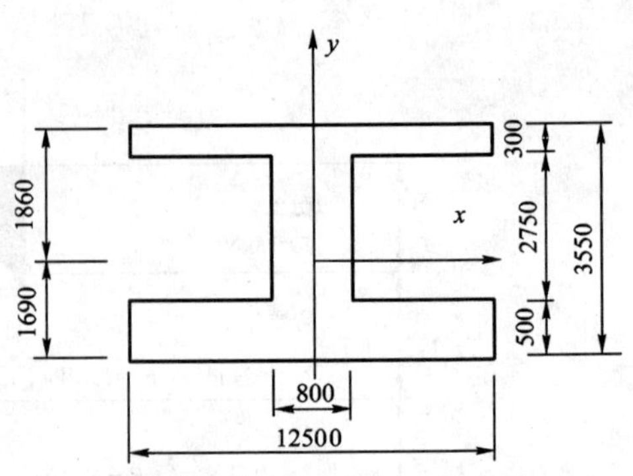

图 4-3 箱基等效截面(尺寸单位:mm)

(2)上部结构的总折算刚度

上部结构梁截面为 250mm×450mm，柱截面为 500mm×500mm，则纵梁的惯性矩为：

$$I_{bi}=\frac{0.3\times0.5^3}{12}=0.003125(\mathrm{m}^4)$$

纵梁线刚度为：

$$K_{bi}=I_{bi}/3.9=0.0008(\mathrm{m}^3)$$

标准层柱的线刚度为：

$$K_{ui}=K_{li}=\frac{0.5\times0.5^3}{12}/2.8=0.00186(\mathrm{m}^3)$$

底层柱的线刚度：

$$K_{ui}=K_{li}=\frac{0.5\times0.5^3}{12}/5.2=0.0010\mathrm{m}^3$$

弯曲方向的节间数 $m=14$，标准层纵梁的折算刚度为：

$$(E_BI_B)_{标}=E_bI_{bi}\left\{1+\left(\frac{(K_{ui}+K_{li})m^2}{2K_{bi}+K_{ui}+K_{li}}\right)\right\}$$

$$=3.0\times10^7\times0.003125\times\left(1+\frac{2\times0.00186\times14^2}{2\times0.0008+2\times0.00186}\right)$$

$$=1.29\times10^7(\mathrm{kN\cdot m^2})$$

底层纵梁折算刚度为：

$$(B_BI_B)_{底}=E_bI_{bi}\left\{1+\left(\frac{(K_{ui}+K_{li})m^2}{2K_{bi}+K_{ui}+K_{li}}\right)\right\}$$

$$=3.0\times10^7\times0.003125\times\left(1+\frac{(0.00186+0.0010)\times14^2}{2\times0.003125+0.00186+0.0010}\right)$$

$$=5.86\times10^6(\mathrm{kN\cdot m^2})$$

顶层纵梁的折算刚度为：

$$(B_BI_B)_{顶}=E_bI_{bi}\left\{1+\left(\frac{K_{li}m^2}{2K_{bi}+K_{li}}\right)\right\}$$

$$= 3.0 \times 10^7 \times 0.003125 \times \left\{1 + \frac{0.00186 + 14^2}{2 \times 0.0008 + 0.00186}\right\}$$

$$= 9.97 \times 10^6 (\mathrm{kN \cdot m^2})$$

半地下室纵向连续钢筋混凝土的折算刚度：

$$E_w I_w = 2 \times 2.6 \times 10^7 \times \frac{0.5 \times 2.8^3}{12} = 4.76 \times 10^7 (\mathrm{kN \cdot m^2})$$

横向3榀框架，所以上部结构总折算刚度为：

$$E_B I_B = 3 \times [10(E_B I_B)_{标} + (E_B I_B)_{底} + (E_B I_B)_{顶}] + E_w I_w$$
$$= 3 \times (12.9 \times 10^7 + 5.86 \times 10^7 + 9.97 \times 10^7) + 4.76 \times 10^7$$
$$= 90 \times 10^7 (\mathrm{kN \cdot m^2})$$

则整体弯矩的分配系数为：

$$\beta = \frac{E_g I_g}{E_g I_g + E_B I_B} = \frac{2.6 \times 10^7 \times 25.71}{2.6 \times 10^7 \times 25.71 + 90 \times 10^7} = 0.426$$

(3)地基反力计算

根据基底土的性质，$L/B = 54.6/12.5 = 4.368$，查表4-1，取横向反力系数为平均值，刚各区段反力系数为：

一般第四纪黏性土基底反力系数表 表4-1

$L/B=3\sim4$							
1.282	1.043	0.987	0.976	0.976	0.987	1.043	1.282
1.143	0.930	0.881	0.870	0.870	0.881	0.930	1.143
1.129	0.919	0.869	0.859	0.859	0.869	0.919	1.129
1.143	0.930	0.881	0.870	0.870	0.881	0.930	1.143
1.282	1.043	0.987	0.976	0.976	0.987	1.043	1.282
$L/B=4\sim6$							
1.229	1.042	1.014	1.003	1.003	1.014	1.042	1.229
1.096	0.929	0.904	0.895	0.895	0.904	0.929	1.096
1.082	0.918	0.893	0.884	0.884	0.893	0.918	1.082
1.096	0.929	0.904	0.895	0.895	0.904	0.929	1.096
1.229	1.042	1.014	1.003	1.003	1.014	1.042	1.229
$L/B=6\sim8$							
1.215	1.053	1.013	1.008	1.008	1.013	1.053	1.215
1.083	0.939	0.903	0.899	0.899	0.903	0.939	1.083
1.070	0.927	0.892	0.888	0.888	0.892	0.927	1.070
1.083	0.939	0.903	0.899	0.899	0.903	0.939	1.083
1.215	1.053	1.013	1.008	1.008	1.013	1.053	1.215

$$\overline{P}_1=0.936;\overline{P}_2=0.946;\overline{P}_3=0.972;\overline{P}_4=1.146;$$

地基平均反力和箱基自重作为均布压力计算，则：

$$\frac{G+\sum F}{L}=\frac{(8.983+2.216)\times 10^4}{54.6}=2051.10(\mathrm{kN/m})$$

$$G/L=2.216\times 10^4/54.6=405.80(\mathrm{kN/m})$$

各区段反力为：

$P_1=0.936\times 2051.10=1919.83(\mathrm{kN/m})$；$P_2=0.946\times 2051.10=1940.34(\mathrm{kN/m})$；

$P_3=0.972\times 2051.10=1993.67(\mathrm{kN/m})$；$P_4=1.146\times 2051.10=2350.56(\mathrm{kN/m})$。

(4)计算弯矩

在地基反力中扣除箱基自重均布荷载，纵向计算简图如图 4-4。根据静力平衡条件计算各点弯矩，计算结果如图 4-5 和表 4-2。

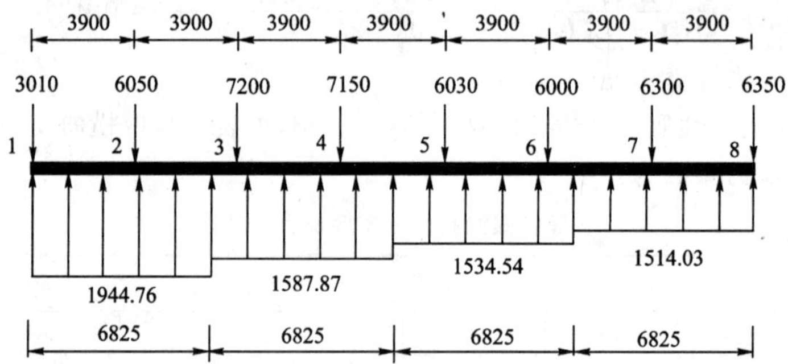

图 4-4 纵向荷载计算简图

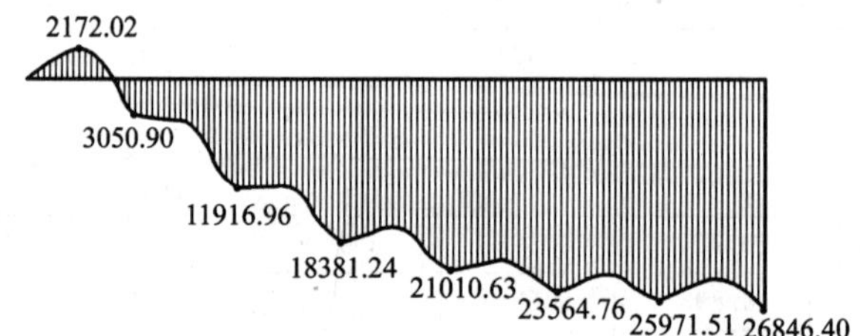

图 4-5 纵向弯矩图

箱基纵向弯矩分配表 表 4-2

节点	1～2	2	3	4	5	6	7	8
总弯矩	−2172.02	3050.90	11916.96	18381.24	21010.63	23564.76	25971.51	26846.40
箱基分配弯矩	−925.28	1299.68	5076.62	7830.41	8950.53	10038.59	11063.86	11436.57

除 1～2 点外，取两点的平均值作为最后弯矩进行配筋，如表 4-3。表中 i 为顶、底板中距，本例为 3.15m；B 为箱基底板的宽度，$B=12.5\text{m}$，$f_y=310\text{N/mm}^2$。

箱基纵向整体配筋表　　表 4-3

区　段	M_{gx}(kN·m)	$\overline{A}_{gx}=M_{gx}/f_y\bar{z}B$(mm²/m)
12	−925.28	75.8
34	3188.15	261.19
45	6453.52	528.71
56	9494.56	777.84
67	10551.23	864.41
78	11250.22	921.68

3. 局部弯矩计算

由于板承受面荷载，所以图 4-6 中的线荷需除以底板宽度 12.5m。对于一个区格内有两个不同荷载情况，取其均值。底板区格划分及荷载分布如图 4-6、图 4-7。

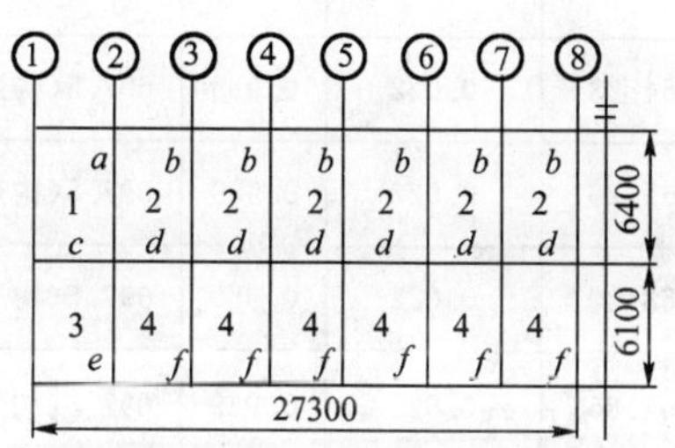

图 4-6　底板区格划分

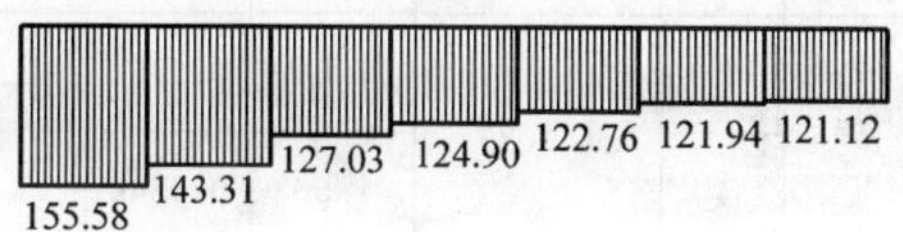

图 4-7　面荷载 P_j 分布

由于底板为受弯构件，需满足最小配筋率的要求。由于考虑整体弯曲和局部弯曲进行配筋比按局部弯曲设计大得多，所以局部弯曲内力需乘以折减系数 0.8。

按最小配筋率配筋时(表 4-4)：

$$A_S=0.15\%\times1000\times(500-35)=697.5(\text{mm}^2/\text{m})$$

整个底板有 a、b、c、d、e、f 六个支座。当支座两边 P_j 不同时，取均值。查表 4-5 至 4-9 得：1 区格：$x_{1x}=0.879$；3 区格：$x_{3x}=0.855$；2 区格：$x_{2x}=0.935$；4 区格：$x_{4x}=0.922$。

$l_{1x}=l_{2x}=l_{3x}=l_{4x}=3.9\text{m}$；$l_{1y}=l_{2y}=6.4\text{m}$；$l_{3y}=l_{4y}=6.1\text{m}$。

局部弯曲纵向配筋计算表 表 4-4

区段		P_j (kN/m²)	λ	φ	l_z	$M_x=-\varphi_x p_j l_x^2$ (kN·m/m)	$\alpha_x=\frac{0.8M_z}{bh_0^2 f_{cm}}$	γ_s	$A_s=\frac{0.8M_z}{\gamma_s h_0 f_y}$ (mm²/m)
区	区格								
12	1	155.58	1.64	0.0523	3.9	−123.94	0.042	0.978	703.3
	3		1.56	0.0502	3.9	−118.96	0.040	0.979	697.5(构造)
23	2	143.31	1.64	0.0352	3.9	−76.73	0.026	0.986	697.5(构造)
	4		1.56	0.0344	3.9	−74.98	0.025	0.988	697.5(构造)
34	2	127.03	1.64	0.0352	3.9	−68.01	0.023	0.989	697.5(构造)
	4		1.56	0.0344	3.9	−66.47	0.022	0.989	697.5(构造)
45	2	124.90	1.64	0.0352	3.9	−66.87	0.022	0.989	697.5(构造)
	4		1.56	0.0344	3.9	−66.35	0.022	0.989	697.5(构造)
56	2	122.76	1.64	0.0352	3.9	−65.72	0.022	0.989	697.5(构造)
	4		1.56	0.0344	3.9	−64.23	0.022	0.989	697.5(构造)
67	2	121.94	1.64	0.0352	3.9	−65.29	0.022	0.989	697.5(构造)
	4		1.56	0.0344	3.9	−63.80	0.022	0.989	697.5(构造)
78	2	121.12	1.64	0.0352	3.9	−64.85	0.022	0.989	697.5(构造)
	4		1.56	0.0344	3.9	−63.37	0.022	0.989	697.5(构造)

a、e 支座 $P_j=(155.58+143.31)/2=149.45$(kN/m²)；$c$ 支座 $P_j=155.58$(kN/m²)(表 4-10)。

$$M_a=(x_{2x}/16+x_{2x}/24)P_j l_{1x}^2=213.57(\text{kN}\cdot\text{m}^2)$$

$$M_e=(x_{3x}/16+x_{4x}/24)P_j l_{1x}^2=208.92(\text{kN}\cdot\text{m}^2)$$

$$M_c=\frac{1}{2}\left[\frac{(1-x_{1x})}{8}P_j l_{1y}^2+\frac{(1-x_{3x})}{8}P_j l_{3y}^2\right]=100.66(\text{kN}\cdot\text{m}^2)$$

一端固定三边简支板系数表　　表 4-5

l_x, l_y, 1, $P_y l_y$, $P_x l_x$

$\lambda = l_y / l_x$

$P_x = x_{1x} P_j$

$P_y = (1 - x_{1x}) P_j$

第 1 种情况

λ	φ_{1x}	φ_{1y}	x_{1x}	λ	φ_{1x}	φ_{1y}	x_{1x}
0.50	0.007	0.0865	0.135	1.12	0.0393	0.0201	0.798
0.52	0.0080	0.0839	0.155	1.14	0.0402	0.0191	0.809
0.54	0.089	0.0812	0.176	1.16	0.0411	0.0182	0.819
0.56	0.0099	0.0784	0.197	1.18	0.0420	0.0172	0.829
0.58	0.0108	0.0757	0.220	1.20	0.0429	0.0163	0.838
0.60	0.0117	0.0730	0.245	1.22	0.0437	0.0156	0.847
0.62	0.0127	0.0700	0.275	1.24	0.0444	0.0149	0.855
0.64	0.0138	0.0671	0.299	1.26	0.0452	0.0141	0.863
0.66	0.0148	0.0641	0.322	1.28	0.0459	0.0134	0.870
0.68	0.0159	0.0612	0.347	1.30	0.467	0.0127	0.877
0.70	0.0169	0.0582	0.375	1.32	0.0473	0.0122	0.884
0.72	0.0180	0.0557	0.403	1.34	0.0480	0.0116	0.890
0.74	0.0191	0.0531	0.430	1.36	0.0486	0.0111	0.895
0.76	0.0202	0.0506	0.456	1.38	0.0493	0.0105	0.901
0.78	0.0213	0.0480	0.481	1.40	0.0499	0.0100	0.906
0.80	0.0224	0.0455	0.506	1.42	0.0504	0.0090	0.910
0.82	0.0235	0.0434	0.529	1.44	0.0510	0.0090	0.915
0.84	0.0246	0.0414	0.553	1.46	0.515	0.0087	0.919
0.86	0.0258	0.0393	0.578	1.48	0.0521	0.0083	0.923
0.88	0.0269	0.0373	0.600	1.50	0.0526	0.0079	0.926
0.90	0.0280	0.0352	0.621	1.52	0.0530	0.0076	0.930
0.92	0.0291	0.0336	0.641	1.54	0.0534	0.0073	0.933
0.94	0.0302	0.0320	0.661	1.56	0.0538	0.0069	0.937
0.96	0.0312	0.0304	0.680	1.58	0.0542	0.0066	0.940
0.98	0.0323	0.0288	0.697	1.60	0.0546	0.0063	0.942
1.00	0.0334	0.0272	0.174	1.62	0.0550	0.0061	0.945
1.02	0.0344	0.0260	0.729	1.64	0.0554	0.0058	0.948
1.04	0.0354	0.0247	0.744	1.66	0.0559	0.0056	0.950
1.06	0.0364	0.0235	0.759	1.68	0.0363	0.0053	0.952
1.08	0.0374	0.0222	0.772	1.70	0.0567	0.0051	0.954
1.10	0.0384	0.0210	0.785	1.72	0.0571	0.0049	0.956
1.74	0.0575	0.0047	0.958	1.88	0.0597	0.0036	0.969
1.76	0.0573	0.0046	0.960	1.90	0.0600	0.0034	0.970
1.78	0.0582	0.0044	0.962	1.92	0.0601	0.0033	0.971
1.80	0.0585	0.0042	0.963	1.94	0.0602	0.0032	0.972
1.82	0.0589	0.0041	0.965	1.96	0.0604	0.0030	0.973
1.84	0.0592	0.0039	0.966	1.98	0.0605	0.0029	0.974
1.86	0.0594	0.0038	0.968	2.00	0.0606	0.0028	0.976

两端固定两端简支板系数表 表 4-6

$\lambda = l_y/l_x$

$P_x = x_{2x}P_j$

$P_y = (1-x_{2x})P_j$

第 2 种情况

λ	φ_{2x}	φ_{2y}	x_{2x}	λ	φ_{2x}	φ_{2y}	x_{2x}
0.50	0.0073	0.0801	0.238	0.94	0.0248	0.0219	0.795
0.52	0.0081	0.0765	0.267	0.96	0.0254	0.0205	0.809
0.54	0.0089	0.0729	0.298	0.98	0.0261	0.0192	0.821
0.56	0.0098	0.0693	0.330	1.00	0.0267	0.0179	0.833
0.58	0.0105	0.0656	0.361	1.02	0.0272	0.0170	0.843
0.60	0.0114	0.0620	0.393	1.04	0.0277	0.0161	0.853
0.62	0.0123	0.0589	0.424	1.06	0.0283	0.0151	0.862
0.64	0.0131	0.0557	0.454	1.08	0.0288	0.0142	0.871
0.66	0.0140	0.0526	0.485	1.10	0.0293	0.0133	0.880
0.68	0.0148	0.0494	0.516	1.12	0.0297	0.0126	0.887
0.70	0.0157	0.0463	0.546	1.14	0.0301	0.0119	0.893
0.72	0.0165	0.0438	0.574	1.16	0.0305	0.0112	0.900
0.74	0.0173	0.0413	0.600	1.18	0.0309	0.0105	0.906
0.76	0.0182	0.0388	0.626	1.20	0.0313	0.0098	0.912
0.78	0.0190	0.0353	0.649	1.22	0.0316	0.0093	0.917
0.80	0.0198	0.0338	0.671	1.24	0.0320	0.0088	0.922
0.82	0.0205	0.0320	0.693	1.26	0.0323	0.0084	0.926
0.84	0.0213	0.0301	0.714	1.28	0.0327	0.0079	0.931
0.86	0.0220	0.0283	0.732	1.30	0.0330	0.0074	0.935
0.88	0.0228	0.0264	0.750	1.32	0.0333	0.0071	0.938
0.90	0.0235	0.0246	0.766	1.34	0.0335	0.0067	0.941
0.92	0.0241	0.0233	0.781	1.36	0.338	0.0064	0.945
1.38	0.0340	0.0060	0.948	1.70	0.0369	0.0028	0.977
1.40	0.0343	0.0057	0.950	1.72	0.0370	0.0027	0.978
1.42	0.0345	0.0054	0.953	1.74	0.0371	0.0026	0.979
1.44	0.0347	0.0052	0.956	1.76	0.0372	0.0024	0.980
1.46	0.0349	0.0049	0.958	1.78	0.0373	0.0025	0.981
1.48	0.0351	0.0047	0.960	1.80	0.0374	0.0022	0.981
1.50	0.0353	0.0044	0.962	1.82	0.0375	0.0021	0.982
1.52	0.0355	0.0042	0.964	1.84	0.0376	0.0020	0.983
1.54	0.0357	0.0040	0.966	1.86	0.0377	0.0020	0.984
1.56	0.0358	0.0039	0.967	1.88	0.0378	0.0019	0.984
1.58	0.0360	0.0037	0.969	1.90	0.0379	0.0018	0.985
1.60	0.0362	0.0035	0.970	1.92	0.0390	0.0017	0.985
1.62	0.0363	0.0034	0.972	1.94	0.0381	0.0017	0.986
1.64	0.0365	0.0032	0.973	1.96	0.0381	0.0016	0.987
1.66	0.0365	0.0031	0.975	1.98	0.0382	0.0016	0.987
1.68	0.0368	0.0029	0.976	2.00	0.0385	0.0015	0.988

两邻边固定两邻边简支板系数表 表4-7

$\lambda = l_y / l_x$

$P_x = x_{3x} P_j$

$P_y = (1 - x_{3x}) P_j$

第3种情况

λ	φ_{3x}	φ_{3y}	x_{3x}	λ	φ_{3x}	φ_{3y}	x_{3x}
0.50	0.0037	0.0589	0.059	0.72	0.0121	0.0448	0.211
0.52	0.0043	0.0577	0.068	0.74	0.131	0.434	0.230
0.54	0.0050	0.0565	0.078	0.76	0.0141	0.0421	0.249
0.56	0.0056	0.0553	0.089	0.78	0.0151	0.0407	0.270
0.58	0.0063	0.0541	0.101	0.80	0.0161	0.0393	0.291
0.60	0.0069	0.0529	0.115	0.82	0.0172	0.0380	0.312
0.62	0.0077	0.0516	0.129	0.84	0.0183	0.0367	0.332
0.64	0.0086	0.0502	0.143	0.86	0.0193	0.0345	0.353
0.66	0.0094	0.0489	0.159	0.88	0.0204	0.0340	0.375
0.68	0.0103	0.0475	0.176	0.90	0.0215	0.0377	0.396
0.70	0.0111	0.0462	0.194	0.92	0.0226	0.0315	0.417
0.94	0.0237	0.0304	0.437	1.48	0.0478	0.0100	0.827
0.96	0.0247	0.0292	0.458	1.50	0.0485	0.0096	0.835
0.98	0.0258	0.0281	0.478	1.52	0.0491	0.0092	0.842
1.00	0.0269	0.0269	0.500	1.54	0.0496	0.0089	0.849
1.02	0.0280	0.0259	0.521	1.56	0.0502	0.0085	0.855
1.04	0.0290	0.0249	0.540	1.58	0.0501	0.0082	0.862
1.06	0.0301	0.0240	0.559	1.60	0.0513	0.0078	0.868
1.08	0.0311	0.0230	0.576	1.62	0.0518	0.0075	0.875
1.10	0.0322	0.0220	0.594	1.64	0.0523	0.0072	0.879
1.12	0.0332	0.0212	0.611	1.66	0.0527	0.0070	0.884
1.14	0.0341	0.0203	0.628	1.68	0.0532	0.0067	0.889
1.16	0.0351	0.0193	0.644	1.70	0.0537	0.0064	0.893
1.18	0.0360	0.0186	0.659	1.72	0.0541	0.0062	0.897
1.20	0.0370	0.0178	0.673	1.74	0.0545	0.0060	0.901
1.22	0.0379	0.0171	0.689	1.75	0.0549	0.0057	0.905
1.24	0.0388	0.0166	0.702	1.73	0.0553	0.0055	0.909
1.26	0.0396	0.0158	0.715	1.80	0.0557	0.0053	0.913
1.28	0.0405	0.0152	0.728	1.82	0.0560	0.0051	0.916
1.30	0.0414	0.0145	0.741	1.84	0.0562	0.0049	0.919
1.32	0.0422	0.0140	0.752	1.86	0.0567	0.0048	0.922
1.34	0.0429	0.0134	0.765	1.88	0.0571	0.0046	0.925
1.36	0.0437	0.0129	0.773	1.90	0.0574	0.0044	0.929
1.38	0.0444	0.0123	0.783	1.92	0.0577	0.0043	0.931
1.40	0.0452	0.0118	0.793	1.94	0.0580	0.0041	0.933
1.42	0.0459	0.0114	0.602	1.96	0.0585	0.0039	0.936
1.44	0.0465	0.0109	0.612	1.98	0.0586	0.0038	0.938
1.46	0.0472	0.0105	0.620	2.00	0.0589	0.0035	0.941

三边固定一边简支板系数表 表 4-8

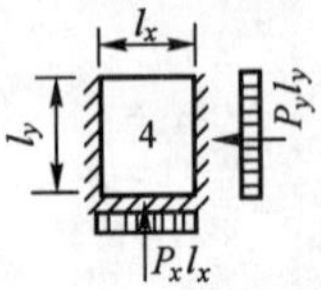

$\lambda = l_y / l_x$

$P_x = x_{4x} P_j$

$P_y = (1 - x_{4x}) P_j$

第 4 种情况

λ	φ_{4z}	φ_{4y}	x_{4x}	λ	φ_{4z}	φ_{4y}	x_{4x}
0.50	0.0038	0.0560	0.111	0.56	0.0058	0.0514	0.163
0.52	0.0045	0.0545	0.127	0.58	0.0065	0.0498	0.183
0.54	0.0052	0.0529	0.144	0.60	0.0072	0.0483	0.206
0.62	0.0080	0.0467	0.228	1.32	0.0308	0.0088	0.859
0.64	0.0087	0.0450	0.252	1.34	0.0312	0.0081	0.866
0.66	0.0095	0.0434	0.276	1.36	0.0315	0.0080	0.872
0.68	0.0102	0.0417	0.300	1.38	0.0319	0.0076	0.878
0.70	0.0110	0.0401	0.324	1.40	0.0322	0.0072	0.885
0.72	0.0118	0.0385	0.349	1.42	0.0325	0.0069	0.890
0.74	0.0125	0.0370	0.373	1.44	0.0328	0.0066	0.896
0.76	0.0135	0.0345	0.400	1.46	0.0331	0.0063	0.901
0.78	0.0143	0.0350	0.425	1.48	0.0334	0.0060	0.906
0.80	0.0151	0.0323	0.450	1.50	0.0337	0.0057	0.910
0.82	0.0159	0.0309	0.476	1.52	0.0339	0.0055	0.914
0.84	0.0167	0.0295	0.500	1.54	0.0341	0.0053	0.918
0.86	0.0174	0.0282	0.522	1.56	0.0344	0.0050	0.922
0.88	0.0182	0.0268	0.545	1.58	0.0346	0.0048	0.926
0.90	0.0190	0.0254	0.567	1.60	0.0348	0.0046	0.929
0.92	0.0197	0.0243	0.580	1.62	0.0350	0.0044	0.932
0.94	0.0204	0.0232	0.610	1.64	0.0352	0.0042	0.935
0.96	0.0212	0.0220	0.600	1.66	0.0353	0.0041	0.938
0.98	0.0219	0.0209	0.648	1.68	0.0355	0.0039	0.941
1.00	0.0226	0.0198	0.667	1.70	0.0357	0.0037	0.943
1.02	0.0232	0.0189	0.684	1.72	0.0359	0.0035	0.946
1.04	0.0238	0.0180	0.699	1.74	0.0360	0.0034	0.948
1.06	0.0245	0.0171	0.715	1.76	0.0362	0.0033	0.950
1.08	0.0251	0.0162	0.731	1.78	0.363	0.0031	0.952
1.10	0.0257	0.0153	0.745	1.80	0.0365	0.0030	0.954
1.12	0.0262	0.0146	0.760	1.82	0.0366	0.0029	0.956
1.14	0.0267	0.0139	0.773	1.84	0.0367	0.0028	0.958
1.16	0.0273	0.0133	0.785	1.86	0.0369	0.0026	0.960
1.18	0.0278	0.0126	0.796	1.88	0.0370	0.0025	0.962
1.20	0.0283	0.0119	0.806	1.90	0.0371	0.0024	0.963
1.22	0.0287	0.0114	0.816	1.92	0.0372	0.0023	0.965
1.24	0.0292	0.0108	0.825	1.94	0.0373	0.0022	0.966
1.26	0.0296	0.0103	0.834	1.96	0.0375	0.0022	0.967
1.28	0.0301	0.0097	0.843	1.98	0.0376	0.0021	0.968
1.30	0.0305	0.0092	0.851	2.00	0.0377	0.0020	0.970

四边固定板系数表 表 4-9

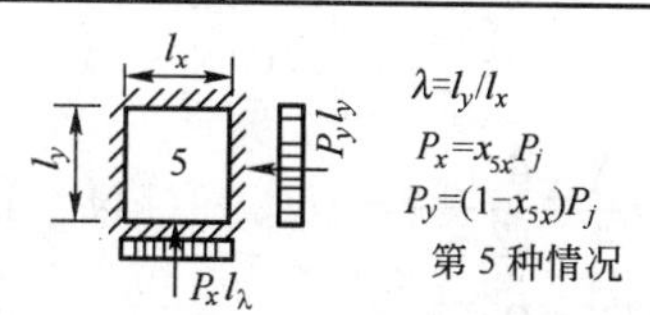

λ	φ_{5z}	φ_{5y}	x_{5x}	λ	φ_{5z}	φ_{5y}	x_{5x}
0.50	0.0023	0.0367	0.059	1.12	0.0220	0.0140	0.611
0.52	0.0027	0.0361	0.068	1.14	0.0226	0.0135	0.628
0.54	0.0031	0.0355	0.078	1.16	0.0232	0.0129	0.644
0.56	0.0036	0.0348	0.089	1.18	0.0238	0.0124	0.659
0.58	0.0040	0.0342	0.101	1.20	0.0244	0.0118	0.675
0.60	0.0044	0.0336	0.115	1.22	0.0249	0.0113	0.689
0.62	0.0050	0.0329	0.129	1.24	0.0255	0.0109	0.702
0.64	0.0055	0.0321	0.143	1.26	0.0260	0.0104	0.715
0.66	0.0061	0.0314	0.159	1.28	0.0266	0.0100	0.728
0.68	0.0066	0.0306	0.176	1.30	0.0271	0.0095	0.741
0.70	0.0072	0.0299	0.194	1.32	0.0275	0.0091	0.752
0.72	0.0079	0.0291	0.231	1.34	0.0280	0.0087	0.763
0.74	0.0086	0.0285	0.230	1.36	0.0284	0.0084	0.773
0.76	0.0092	0.0274	0.249	1.38	0.0289	0.0080	0.783
0.78	0.0099	0.0266	0.270	1.40	0.0293	0.0076	0.793
0.80	0.0106	0.0258	0.291	1.42	0.0297	0.0073	0.802
0.82	0.0113	0.0250	0.312	1.44	0.0301	0.0070	0.812
0.84	0.0121	0.0242	0.332	1.46	0.0304	0.0068	0.820
0.86	0.0128	0.0233	0.353	1.48	0.0308	0.0065	0.827
0.88	0.0136	0.0255	0.375	1.50	0.0312	0.0062	0.835
0.90	0.0143	0.0217	0.396	1.52	0.0315	0.0060	0.842
0.92	0.0150	0.0210	0.417	1.54	0.0318	0.0057	0.849
0.94	0.0158	0.0202	0.437	1.56	0.0321	0.0055	0.855
0.96	0.0165	0.0195	0.458	1.58	0.0324	0.0052	0.862
0.98	0.0173	0.0187	0.478	1.60	0.0327	0.0050	0.868
1.00	0.0180	0.0180	0.500	1.62	0.0330	0.0048	0.873
1.02	0.0187	0.0173	0.521	1.64	0.0332	0.0046	0.879
1.04	0.0194	0.0166	0.540	1.66	0.0335	0.0045	0.884
1.06	0.0200	0.0160	0.559	1.68	0.0337	0.0043	0.889
1.08	0.0207	0.0153	0.576	1.70	0.0340	0.0041	0.893
1.10	0.0214	0.0146	0.594	1.72	0.0342	0.0039	0.897
1.74	0.0344	0.0038	0.901	1.88	0.0358	0.0029	0.925
1.76	0.0347	0.0036	0.905	1.90	0.0360	0.0028	0.928
1.78	0.0349	0.0035	0.909	1.92	0.0361	0.0027	0.931
1.80	0.0351	0.0033	0.913	1.94	0.0363	0.0026	0.933
1.82	0.0353	0.0032	0.916	1.96	0.0364	0.0025	0.936
1.84	0.0355	0.1031	0.919	1.98	0.0366	0.0024	0.938
1.86	0.0356	0.0030	0.922	2.00	0.0367	0.0023	0.941

2～3 轴：

b、f 支座 $P_j=(143.31+127.03)/2=135.17(\text{kN/m}^2)$；$d$ 支座 $P_j=143.31\text{kN/m}^2$。

$$M_b=\frac{X_{2X}P_jL_{2x}^2}{12}=160.19(\text{kN}\cdot\text{m})$$

$$M_f=\frac{X_{4X}P_JL_{4x}^2}{12}=150.96(\text{kN}\cdot\text{m})$$

$$M_d=\frac{1}{2}\left[\frac{(1-X_{2X})}{8}P_jl_{2y}^2+\frac{(1-X_{4X})}{8}P_jl_{4y}^2\right]=49.84(\text{kN}\cdot\text{m})$$

3～8 轴：

由于 3～8 轴之间的面荷载比较接近，为简化计算，取其均值作为面荷载 P_j。

b、d、f 支座 $P_j=(127.03+124.90+122.76+121.94+121.12)/5=123.55(\text{kN/m}^2)$。

$$M_b=\frac{X_{2X}P_jL_{2X}^2}{12}=146.42(\text{kN}\cdot\text{m})$$

支座配筋计算表 表 4-10

轴	支座	p_j (kN/m²)	M_i (kN·m/m)	$a_s=\frac{0.8M_i}{bh_0^2f_{cm}}$	γ_s	$A_s=\frac{0.8M_i}{\gamma_sh_0f_y}$ (mm²/m)
1～2	a	149.45	213.57	0.072	0.963	1230.8
	c	155.58	100.66	0.034	0.982	697.5(构造)
	e	149.45	208.92	0.07	0.961	1206.5
2～3	b	135.17	160.19	0.054	0.973	913.7
	d	143.31	49.84	0.017	0.994	697.5(构造)
	f	135.17	157.96	0.053	0.973	901.0
3～8	b	123.55	146.42	0.049	0.975	833.4
	d	123.55	42.97	0.014	0.992	697.5(构造)
	f	123.55	144.38	0.049	0.975	821.8

横向计算与纵向计算方法相同，在此省略。

4. 箱基顶板计算

由于箱基顶板荷载较小，且计算参数与底板相同，故按构造配筋。

5. 箱基墙体计算

根据纵向荷载计算简图(图 4-4)可以计算相应轴线处的剪力，如图 4-8。最大剪力出现在③轴处 $Q_{max}=5761.16\text{kN}$。在②～③轴之间纵墙上有一门洞(如图 4-9)。

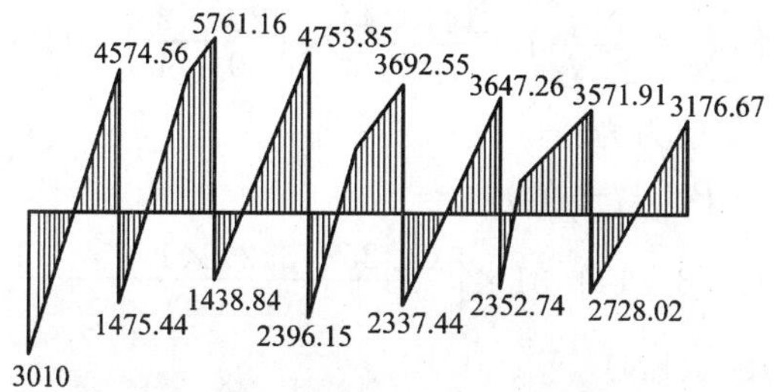

图 4-8 纵向荷载作用下剪力图

③轴剪力 $Q_{23}=5761.16$KN，分配到内纵墙的剪力 $\overline{Q}_{23}^{L}$ 为：

$$\overline{Q}_{23}^{L}=\frac{Q_{23}}{2}\left(\frac{b_1}{\sum b}+\frac{N_{23}}{\sum N_3}\right)=\frac{5761.16}{2}\times\left(\frac{20}{80}+\frac{2}{4}\right)-2160.44(\text{kN})$$

为了计算方便，区块的基底净反力 $P_j=(1944.76+1587.87)/2B=141.31(\text{kN/m}^2)$。由于 $\overline{Q}_{23}^{L}$ 包含了横墙在左侧承担的剪力（如图 4-10），因此左墙截面实际承受剪力 $\overline{Q}_{23}^{L}$ 为：

$$\begin{aligned}\overline{Q}_{23}^{L}&=\overline{Q}_{23}^{L}-P_j(A_1+A_2)\\&=2160.44-141.31\times\left[\frac{(1.25+3.2)\times1.95}{2}+\frac{(1.1+3.05)\times1.95}{2}\right]\\&=975.56(\text{kN})\end{aligned}$$

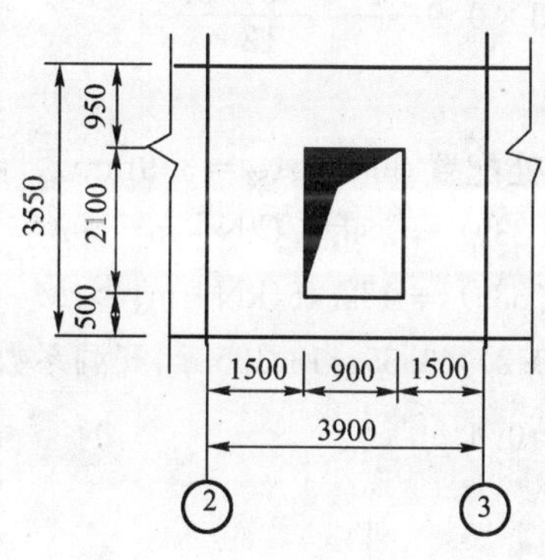

图 4-9 洞口尺寸

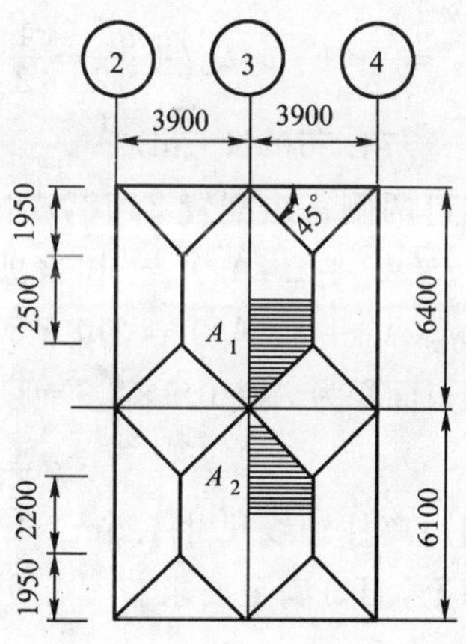

图 4-10 A_1、A_2 计算简图

$0.2f_cA=0.2\times10000\times0.2\times3.55=1420(\text{kN})>975.56$kN，所以墙身尺寸满足要求。

上过梁 $h_1=95$m，下过梁 $h_2=0.5$m。③轴处横墙承担剪力为 1184.88kN，纵墙承担剪力为 975.56kN。在②轴右侧剪力 $Q_{22}=1475.44$kN。分配到内纵堵的剪力 $\overline{Q}_{22}^{R}$ 为：

$$\overline{Q}_{23}^{L}=Q_{22}\left(\frac{b_1}{\sum b}+\frac{N_{23}}{\sum N_3}\right)=\frac{1475.44}{2}\times\left(\frac{20}{80}+\frac{2}{4}\right)=1106.58(\mathrm{kN})$$

右墙截面实际承受剪力为：

$$\overline{Q}_{22}^{R}=Q_{22}^{R}-P_j(A_1+A_2)$$

$$=1106.58-141.31\times\left[\frac{(1.25+3.2)\times1.95}{2}+\frac{(1.1+3.05)\times1.95}{2}\right]$$

$$=-78.3(\mathrm{kN})$$

则洞口中间剪力为：

$$Q_Z=(975.56+78.3)/2=526.93(\mathrm{kN})$$

剪力分配系数为：

$$\alpha=\frac{1}{2}\left(\frac{h_1}{h_1+h_2}+\frac{h_1^3}{h_1^3+h_2^3}\right)=\frac{1}{2}\left(\frac{0.95}{0.95+0.5}+\frac{0.857}{0.857+0.125}\right)=0.764$$

楼面传给上过梁的均布荷载已知为 $q_1=40\mathrm{kN/m}$，下过梁的荷载 q_2 为：

$$q_2=\frac{(3.9\times1.95)\times141.34}{3.9}=275.55(\mathrm{kN/m})$$

则上过梁弯矩为：

$$M_1=\frac{1}{2}\alpha Q_x l+\frac{ql^2}{12}=\frac{1}{12}\times0.764\times526.93\times0.9+\frac{40\times0.9^2}{12}=183.86(\mathrm{kN\cdot m})$$

下过梁弯矩为：

$$M_2=\frac{1}{2}(1-\alpha)Q_x l+\frac{ql^2}{12}=\frac{1}{2}\times0.236\times526.93\times0.9+\frac{275.55\times0.9^2}{12}$$

$$=74.56(\mathrm{kN\cdot m})$$

洞口两侧每边配置 $2\Phi18$，$A_{S1}=509\mathrm{mm}^2$；转角处配置 $3\Phi12$，$A_{S2}=339\mathrm{mm}^2$。则：

$$h_1f_y(A_{s1}+1.4A_{s2})=310\times950\times(509+1.4\times339)=289.67(\mathrm{kN\cdot m})>M_1$$

$$h_2f_y(A_{s1}+1.4A_{s2})=310\times500\times(509+1.4\times339)=152.46(\mathrm{kN\cdot m})>M_2$$

洞口面积为 $A_0=0.9\times2.1=1.89\mathrm{m}^2$；$A=(3.9-0.2)\times3.55=13.135\mathrm{m}^2$；开洞系数为：

$$\mu=\sqrt{A_0/A}=0.375>0.4$$

洞边离柱轴线尺寸 1.5m>1.2m。

综上，洞口满足要求。

4.2 框架结构箱型基础计算

4.2.1 工程概况

某建筑物上部结构为 12 层框架结构，底层、顶层层高为 3.8m，标准层层高为 3.2m，结构平面如图 4.11a）所示，框架纵向梁截面为 0.25m×0.45m，柱截面为

0.5m×0.5m。上部结构作用基础上的荷载如图 4-11b)所示，每一竖向荷裁为横向 4 个柱荷载之和，横向荷载偏心距为 0.1m。箱形基础高 4m，埋深为 6m，室内外高差 0.50m，基底顶板厚 0.35m，底板厚 0.50m，底板挑出 0.50m，内墙厚 0.20m，外墙厚 0.30m。地基土层分布：天然地面以下至 10.5m 处为黏土，$\gamma=18\text{kN/m}^3$，$f_k=140\text{kN/m}^2$，$E_s=6000\text{kN/m}^2$；其下为 7m 厚粉黏土，$\gamma=18.5\text{kN/m}^3$，$f_k=180\text{kN/m}^2$，$E_s=12000\text{kN/m}^2$；再下为粉土，$\gamma=18.7\text{kN/m}^3$，$f_k=200\text{kN/m}^2$，$E_s=15000\text{kN/m}^2$；属非地震区。箱基混凝土强度等级 C20，采用 HRB335 级钢筋建造。

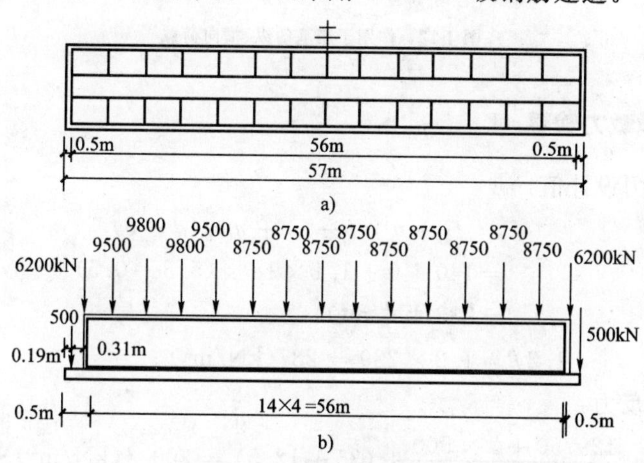

图 4-11　箱形基础计算图

a)结构平面图；b)基础荷载分布图

4.2.2　荷载计算

纵向：

$$\Sigma P=8750\times9+9500\times2+9800\times2+6200\times2=129750(\text{kN})$$

$$\Sigma M=(9500-8750)\times12+(9800-8750)\times16+(9800-8750)\times20+(9500-8750)\times24=64800(\text{kN}\cdot\text{m})$$

$$q=(35+12.5)\times15=712.5(\text{kN/m})$$

（其中箱基顶板、内外墙重为 35kN/m^2，底板重为 12.5kN/m^2）

横向（取一个开间计算）：

$$P=8750\text{kN}$$

$$M=8750\times10=8750(\text{kN}\cdot\text{m})$$

$$q=(35+12.5)\times4=190(\text{kN/m})$$

其荷载作用图如图 4-12 所示。

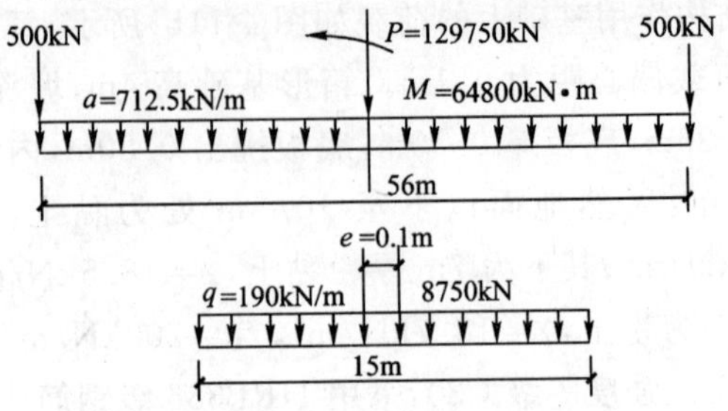

图 4-12 作用于箱基的纵、横向荷载

4.2.3 地基承载力验算

地基承载力设计值：

$$f = f_k + \eta_b \gamma (b-3) + \eta_d \gamma_0 (d-5)$$
$$= 140 + 0 + 1.1 \times 18 \times (5.5 - 0.5)$$
$$= 239(\mathrm{kN/m^2})$$
$$1.2f = 1.2 \times 239 = 287(\mathrm{kN/m^2})$$

基底平均反力：

$$p = \frac{129750 + 2 \times 500}{57 \times 15} + (35 + 12.5) = 200.4(\mathrm{kN/m^2}) < f$$

纵向：

$$p_{\min}^{\max} = 200.4 \pm \frac{64800}{\frac{1}{6} \times 15 \times 57^2}$$
$$= 200.4 \pm 8$$
$$= {}^{208.4}_{192.4}(\mathrm{kN/m^2})$$
$$p_{\max} < 1.2f$$
$$p_{\min} > 0$$

横向：

$$p_{\min}^{\max} = \frac{8750}{4 \times 15} + (35 + 12.5) \pm \frac{8750 \times 0.1}{\frac{1}{6} \times 4 \times 15}$$
$$= {}^{199.0}_{187.5}(\mathrm{kN/m^2})$$
$$p_{\max} < 1.2f$$

$$p_{\min} > 0$$

4.2.4 基础沉降计算

按规范沉降计算公式：

$$s=\varphi_s\sum_{i=1}^{n}\frac{p_0}{E_{si}}(z_i\bar{a}_i-z_{i-1}\bar{a}_{i-1})$$

式中：φ_s 为沉降计算经验系数，取 $\varphi_s=0.7$。

按标准荷载估算得基底反力 $p=175\text{kN/m}^2$，则基底附加压力为：

$$p_0 = p-\gamma d = 175-18\times 5.5 = 76(\text{kN/m}^2)$$

地基沉降计算深度为：

$$z_n = b(2.5-0.4\ln b) = 15\times(2.5-0.4\ln 15) = 21.25(\text{m})$$

取 $z_n=22\text{m}$，基础沉降计算查表4-11可得。

基础沉降计算表 表4-11

L/B	28.5/7.5=3.8			
z_i	0	5	12	22
z_i/B	0	0.67	1.6	2.93
$\bar{a}_i$	4×0.25=1.00	4×0.2439=0.9756	4×0.2147=0.8588	4×0.1731=0.6924
$z_i\bar{a}_i$	0	4.88	10.31	15.23
$z_i\bar{a}_i-z_{i-1}\bar{a}_{i-1}$		4.88	5.43	4.92
E_i		6000	12000	15000
Δs_i		0.062	0.034	0.025

基础最终沉降量：

$$s=\varphi_s\sum\Delta s_i=0.7\times(0.062+0.034+0.025)=0.0847(\text{m})$$

4.2.5 基础横向倾斜计算

基础横向倾斜计算简图如图4-13所示，计算 a、b 两点的沉降差，然后计算基础的横向倾斜。由标准荷载估算得基底的附加压力分布，如图4-13b)所示，a、b 两点的沉降差分别按均布压力和三角形分布压力叠加而得。

由计算得 a、b 两点的沉降差为：

$$\Delta s=0.7\times 0.0314=0.022(\text{m})$$

故横向倾斜为：

$$\alpha=\frac{0.022}{15}=0.00147$$

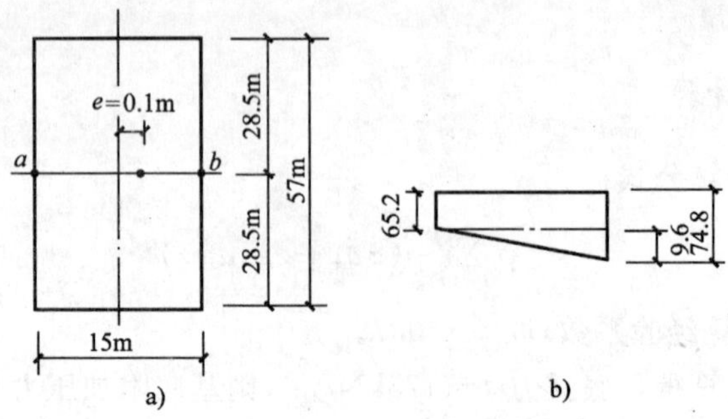

图 4-13　基础横向倾斜计算简图

a)基础平面；b)基础附加压力分布(kN/m²)

而允许横向倾斜为：

$$\frac{B}{100H}=\frac{15}{100\times39.6}=0.00378$$

故 $\alpha<\frac{B}{100H}$，满足要求。

4.2.6　基底反力计算

根据实测基底反力系数法，将箱基底面划分 40 个区格(横向 5 个区格、纵向 8 个区格)，$L/B=57/15=3.8$，近似取 $L/B=4$，查表 4-12、表 4-13 可得各区格的反力系数，为简化计算，认为各横向区格反力系数相等，故取其平均值。

一般第四纪黏性土箱基各区格反力系数　　表 4-12

L/B	纵向 / 横向	p_4	p_3	p_2	p_1	p_1	p_2	p_3	p_4
3～4	3	1.282	1.043	0.987	0.976	0.976	0.987	1.043	1.282
	2	1.143	0.930	0.881	0.870	0.870	0.881	0.930	1.143
	1	1.129	0.919	0.869	0.859	0.859	0.869	0.919	1.129
	2	1.143	0.930	0.881	0.870	0.870	0.881	0.930	1.143
	3	1.282	1.043	0.987	0.976	0.976	0.987	1.043	1.282
4～6	3	1.229	1.042	1.014	1.003	1.003	1.014	1.042	1.229
	2	1.096	0.929	0.904	0.895	0.895	0.904	0.929	1.096
	1	1.082	0.918	0.893	0.884	0.884	0.893	0.918	1.082
	2	1.096	0.929	0.904	0.895	0.895	0.904	0.929	1.096
	3	1.229	1.042	1.014	1.003	1.003	1.014	1.042	1.229

续上表

L/B	纵向 横向	p_4	p_3	p_2	p_1	p_1	p_2	p_3	p_4
6～8	3	1.215	1.053	1.013	1.008	1.008	1.013	1.053	1.215
	2	1.083	0.939	0.903	0.899	0.899	0.903	0.939	1.083
	1	1.070	0.927	0.892	0.888	0.888	0.892	0.927	1.070
	2	1.083	0.939	0.903	0.899	0.899	0.903	0.939	1.083
	3	1.215	1.053	1.013	1.008	1.008	1.013	1.053	1.215

软土地基箱基各区格反力系数　　表 4-13

L/B	纵向 横向	p_4	p_3	p_2	p_1	p_1	p_2	p_3	p_4
3～5	3	0.906	0.966	0.814	0.738	0.738	0.814	0.966	0.906
	2	1.124	1.197	1.009	0.914	0.914	1.009	1.197	1.124
	1	1.235	1.314	1.109	1.006	1.006	1.109	1.314	1.235
	2	1.124	1.197	1.009	0.914	0.914	1.009	1.196	1.124
	3	0.906	0.966	0.814	0.738	0.738	0.814	0.966	0.906

纵向各区格的平均反力系数为：

$$\bar{a}_1 = 1.1464;\bar{a}_3 = 0.9458;$$
$$\bar{a}_2 = 0.9720;\bar{a}_4 = 0.9360。$$

其余 4 区格反力系数与以上反力系数对称。

由于轴心荷载引起的基底反力为：

$$p_i = p\bar{\alpha}_i$$

故各区段的基底反力为：

$$p_1' = 200.4 \times 1.1464 \times 15 = 3446(\text{kN/m})$$
$$p_2' = 200.4 \times 0.9720 \times 15 = 2922(\text{kN/m})$$
$$p_3' = 200.4 \times 0.9458 \times 15 = 2843(\text{kN/m})$$
$$p_4' = 200.4 \times 0.9360 \times 15 = 2814(\text{kN/m})$$

其余 4 个区段基底反力与以上对称，如图 4-14a)所示。

纵向弯矩引起的基础边缘的最大反力为：

$$\Delta p_{\max} = \frac{MB}{W}$$
$$= \frac{64800 \times 15}{\frac{1}{6} \times 15 \times 57^2}$$

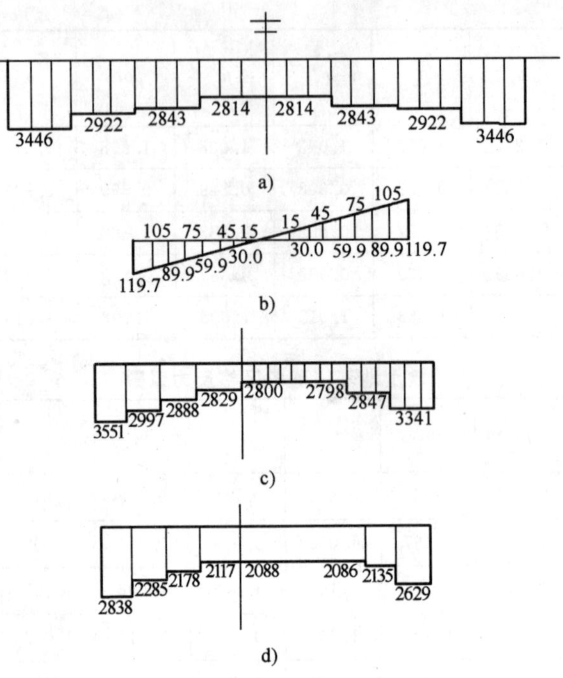

图 4-14　基底反力

a)轴心荷载作用下；b)纵向弯矩作用下；c)基底总反力；d)基底净反力

$$=119.7(\mathrm{kN/m})$$

为简化计算，纵向弯矩引起的反力按直线分布，如图 4-14b)所示，取每一区段的平均值与轴心荷载作用下的基底反力叠加，得各区段基底总反力 p_i，如图 4-14c)所示。基底净反力为基底反力扣除箱基自重，即：

$$p_{ij} = p_i - q$$

式中：q 为箱基自重，$q=47.5\times15=712.5(\mathrm{kN/m})$。

4.2.7　箱基内力计算

本工程上部结构为框架体系箱基内力应同时考虑整体弯曲和局部弯曲作用，分别计算如下：

1. 整体弯曲计算

(1)整体弯曲产生的弯矩 M

考虑整体弯曲时的计算简图，如图 4-15 所示。在上部结构荷载和基底净反力作用下，由静力平衡条件，求得跨中最大弯矩：

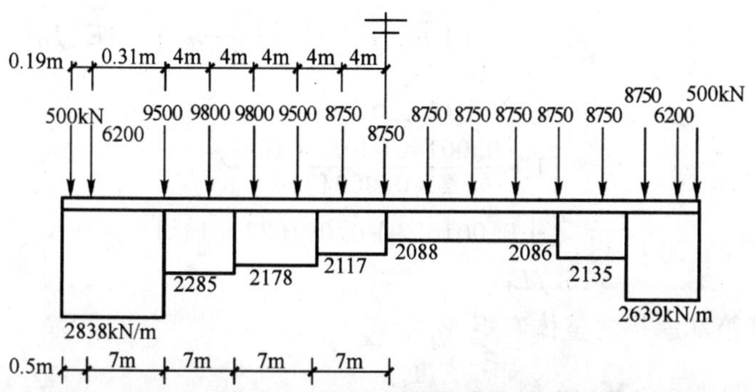

图 4-15 考虑整体弯曲时的计算简图

$M = 2838 \times 7.5 \times 24.75 + 2285 \times 7 \times 17.5 + 2178 \times 7 \times 10.5 + 2117 \times 7 \times 3.5 - 500 \times 28.31 - 6200 \times 28 - 9500 \times 24 - 9800 \times 20 - 9800 \times 16 - 9500 \times 12 - 8750 \times 8 - 8750$

$= 3.1 \times 10^4 (\text{kN} \cdot \text{m})$

(2)计算箱基刚度 $E_g I_g$

箱基横截面按工字形计算，其计算简图如图4-16所示。

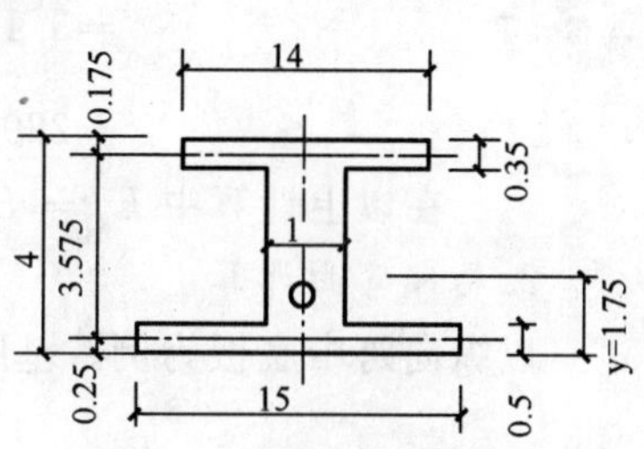

图 4-16 箱基横截面惯性矩计算简图(尺寸单位:m)

求中和轴位置：

$$y = \left[14 \times 0.35 \times \left(4 - \frac{0.35}{2}\right) + 1 \times 3.15 \times \left(\frac{3.15}{2} + 0.5\right) + 0.5 \times 15 \times \frac{0.5}{2}\right] / (14 \times 0.35 + 3.15 \times 1 + 15 \times 0.5)$$

得

$$y = 1.75\text{m}$$

$$I_g = \frac{1}{12} \times 14 \times 0.35^3 + 14 \times 0.35 \times \left(4 - 1.75 - \frac{0.35}{2}\right)^2 + \frac{1}{12} \times 1 \times 3.15^3 + 3.15 \times 1 \times \left[\left(\frac{3.15}{2} + 0.5\right) - 1.75\right]^2 + \frac{1}{12} \times 15 \times 0.5^3 + 15 \times 0.5 \times \left(1.75 - \frac{0.5}{2}\right)^2$$

$$= 41 (\text{m}^4)$$

故

$$E_g I_g = 41 E_g$$

(3)计算上部结构总折算刚度 $E_B I_B$

$$E_B I_B = \sum_{i=1}^{n}\left[E_{bi}I_{bi}\left(1+\frac{K_{ui}+K_{li}}{2K_{bi}+K_{ui}+K_{li}}m^2\right)\right]+E_W I_W$$

$$= 4 \times 12 \times 1.2 \times E_b \times 0.001898 \times \left[1+\frac{0.001627+0.001627}{2\times 0.0004746+0.001627+0.001627}\times 14^2\right]$$

$$=16.7E_b$$

(4)计算箱基承担的整体弯矩 M_g

$$M_g = M\frac{E_g I_g}{E_g I_g + E_B I_B}$$

$$=3.1\times 10^4 \times \frac{41E_g}{41E_g + 16.7E_b}$$

$$=22000(\text{kN}\cdot\text{m})$$

在以上计算中 $E_g = E_b$。

2.局部弯曲计算

以纵向跨中底板为例。基底净反力应扣除底板自重，即：

$$P_j = \frac{129750}{12\times 57} + 35 = 186.8(\text{kN/m}^2)$$

取基底平均反力系数为：

$$\bar{\alpha} = \frac{1}{2}(0.895 + 1.003) = 0.949$$

故实际基底净反力为：

$$P'_j = 0.949 \times 186.8 = 177.2(\text{kN/m}^2)$$

支承条件为外墙简支，内墙固定，故按三边固定一边简支板计算内力，计算简图如图 4-17 所示。

跨中弯矩：

$$M_x = 0.8\times 0.036\times 177.2\times 4^2 = 81.7(\text{kN}\cdot\text{m})$$

$$M_y = 0.8\times 0.082\times 177.2\times 4^2 = 18.6(\text{kN}\cdot\text{m})$$

支座弯矩：

$$M_x^0 = 0.8\times(-0.0787)\times 177.2\times 4^2 = -178.5(\text{kN}\cdot\text{m})$$

$$M_y^0 = 0.8\times(-0.057)\times 177.2\times 4^2 = -129.3(\text{kN}\cdot\text{m})$$

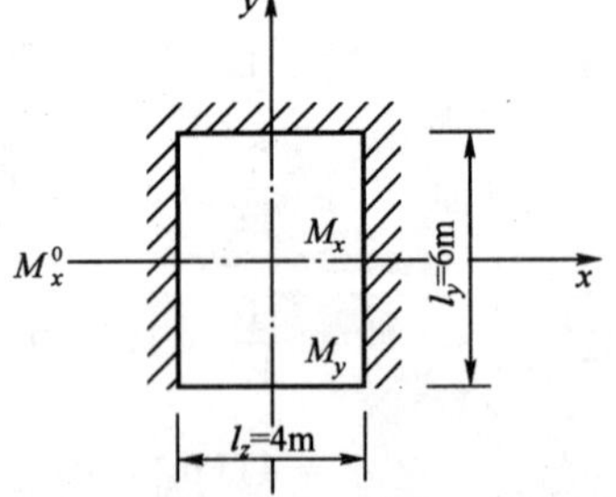

图 4-17 考虑局部弯曲时的计算简图

以上计算中，0.8 为局部弯曲内力计算折减系数。

4.2.8 底板配筋计算

按整体弯曲计算的配筋：

$$A_s = \frac{M_g}{0.9 f_y h_0 B} = \frac{2.2 \times 10^4 \times 10^6}{0.9 \times 310 \times 3575 \times 15} = 1470(\text{mm}^2)$$

取 $A_s/2$ 与按局部弯曲计算的支座弯矩所需的钢筋叠加，配置底板纵向通长钢筋。

按局部弯曲计算的配筋：

取底板有效高度 $h_0=460\text{mm}$，则有：

跨中：

$$F_L \leqslant 0.6 f_t u_m h_0$$

$$A_{sx} = \frac{M_x}{0.9 f_y h_0} = \frac{81.7 \times 10^6}{0.9 \times 310 \times 460} = 637(\text{mm}^2)$$

$$A_{sy} = \frac{M_x}{0.9 f_y h_0} = \frac{18.6 \times 10^6}{0.9 \times 310 \times 460} = 145(\text{mm}^2)$$

支座：

$$A_{sx}^0 = \frac{M_x^0}{0.9 f_y h_0} = \frac{178.5 \times 10^6}{0.9 \times 310 \times 460} = 1391(\text{mm}^2)$$

$$A_{sy}^0 = \frac{M_y^0}{0.9 f_y h_0} = \frac{129.3 \times 10^6}{0.9 \times 310 \times 460} = 1007(\text{mm}^2)$$

跨中所需钢筋面积配置底板上层钢筋，支座计算所需钢筋面积配置底板下层钢筋，故上层纵、横向钢筋都按构造要求取 Φ14@200，下层纵筋取 Φ20@140，下层横向钢筋取 Φ6@200。

底板强度验算过程如下所示。

抗冲切强度验算：

计算图形如图 4-18 所示，按下列公式验算：

$$F_L \leqslant 0.6 f_t u_m h_0$$

式中：F_L——基底反力设计值（不包括底板自重引起的反力）乘以图 4-18 所示阴影部分面积 A_L；

f_t——混凝土抗拉强度设计值；

u_m——距荷载边为 $h_0/2$ 处的周长（见图 4-18）；

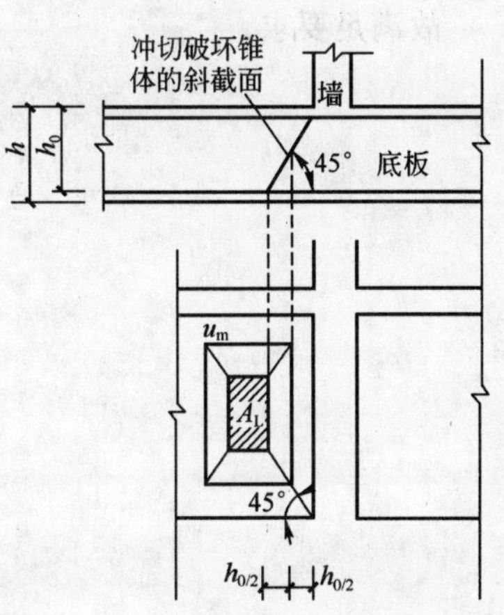

图 4-18 底板冲切强度计算的截面位置

h_0——板的有效高度。

$$F_L = (5.8-1.0)\times(3.8-1.0)\times 186.8$$

$$=2510.6(\text{kN})$$

$$f_t = 1.1\text{N/mm}^2, h_0 = 465\text{mm}$$

$$u_m = [(5.8-0.5)+(3.8-0.5)]\times 2$$

$$=17200(\text{mm})$$

$$0.6f_t u_m h_0 = 0.6\times 1.1\times 17200\times 465$$

$$=5278.68(\text{kN})$$

$$F_L = 2510.6\text{kN} < 0.6f_t u_m h_0$$

故满足要求，顶板和墙体计算从略。

底板抗剪强度验算(见图 4-19)：

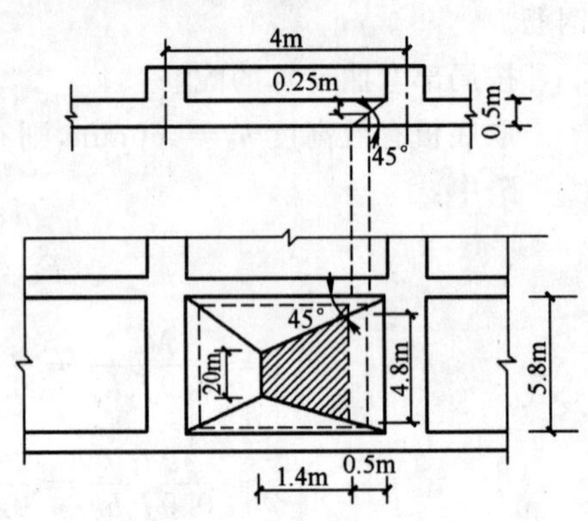

图 4-19 底板抗剪强度验算

$$V_s \leqslant 0.07f_c bh_0$$

$$V_s = \left(\frac{2.0+4.8}{2}\right)\times 1.4\times 186.8$$

$$=889.2(\text{kN})$$

$$f_c = 10\text{N/mm}^2, h_0 = 465\text{mm},$$

$$b = 580\text{mm}$$

$$0.07f_c bh_0 = 0.07\times 10\times 5800\times 465 = 1887.9(\text{kN})$$

$$V_s = 889.2\text{kN} < 0.07f_c bh_0$$

故满足要求。

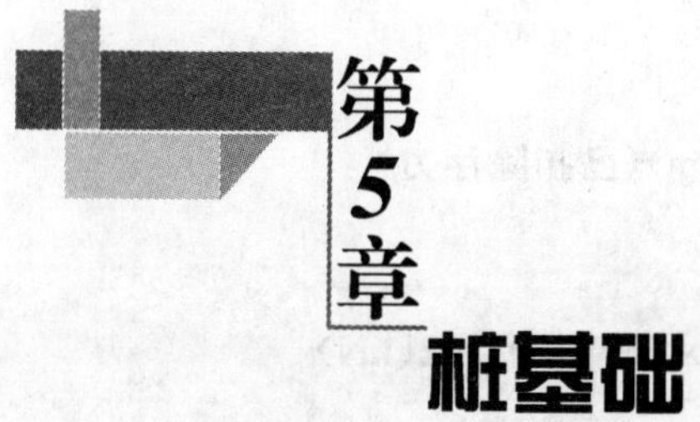

第5章 桩基础

5.1 桩基础工程计算

5.1.1 工程概况

1. 地址及水文

河床土质:从地面(河床)至标高 32.5m 为软塑黏土,以下为密实粗砂,深度达 30m;河床标高为 40.5m,一般冲刷线标高为 38.5m,最大冲刷线为 35.2m,常水位 42.5m。土质指标见表 5-1。

土质指标 表 5-1

类型	地基系数 m(kN/m^4)	极限摩阻力 τ(kPa)	内摩擦角 ϕ	重度 γ(kN/m^3)
软塑黏土	8×10^3	40	20°	12
密实粗砂	25×10^3	120	38°	12

2. 桩、承台尺寸与材料

承台尺寸:7.0m×4.5m×2.0m。拟定采用四根桩,设计直径 1.0m。桩身混凝土 C20,其受压弹性模量 $E_h=2.6\times10^4$MPa。

3. 荷载情况

上部为等跨 25m 的预应力梁桥,混凝土桥墩,承台顶面上纵桥向荷载为:

(1)恒载及一孔活载时:

$$\sum N_0=5659.4\text{kN}$$

$$\sum H_0=298.8\text{kN(制动力及风力)}$$

$$\sum M_0=3847.7\text{kN}\cdot\text{m}$$（竖直力偏心、制动力、风力等引起的弯矩）

(2)恒载及二孔活载时：

$$\sum N_0=6498.2\text{kN}$$

桩(直径 1.0m)自重每延米为：

$$q=\frac{\pi\times 1.0^2}{4}\times 15=11.78(\text{kN/m})\text{(已扣除浮力)}$$

故作用在承台底面中心的荷载力为：

$$\sum N=6498.2+(7.0\times 4.5\times 2.0\times 25)=8073.2(\text{kN})$$

$$\sum H=298.8\text{kN}$$

$$\sum M=3847.7+298.8\times 2.0=4445.3(\text{kN}\cdot\text{m})$$

桩基础采用冲抓锥钻孔灌注桩基础，为摩擦桩。

5.1.2 单桩容许承载力的确定

根据《公路桥涵地基与基础设计规范》(JTJ 024—85)中确定单桩容许承载力的经验公式，初步反算桩的长度。设该桩埋入最大冲刷线以下深度为 h，一般冲刷线以下深度为 h_3。则：

$$N_h=[P]=\frac{1}{2}U\sum l_i\tau_i+\lambda m_0A\{[\sigma_0]+k_2\gamma_2(h_2-3)\}$$

当两跨活载时：

$$N_h=8073.2/4+3.3\times 11.78+1/2\times 11.78h$$

计算$[P]$时取以下数据：

桩的设计桩径 1.0m，冲抓锥成孔直径为 1.15m，桩周长 $U=\pi\times 1.15=3.61\text{m}$；$A=\frac{\pi\times 1^2}{4}=0.485\text{m}^2$；$\lambda=0.70$；$m_0=0.9$；$K_2=6.0$；$[\sigma_0]=550\text{kPa}$；$\gamma_2=12\text{kN/m}^2$（已扣除浮力）；$\tau_1=40\text{kPa}$；$\tau_2=120\text{kPa}$。

$$[P]=1/2\times 3.61\times[2.7\times 40+(h-2.7)\times 120]+0.70\times 0.9\times 0.785$$
$$\times[550+6.0\times 12\times(h+3.3-3)]=N_h=2057.17+5.89$$

$\therefore\quad h=8.78\text{m}$

现取 $h=9\text{m}$，桩底标高为 26.2m。桩的轴向承载力符合要求。具体见图 5-1 所示。

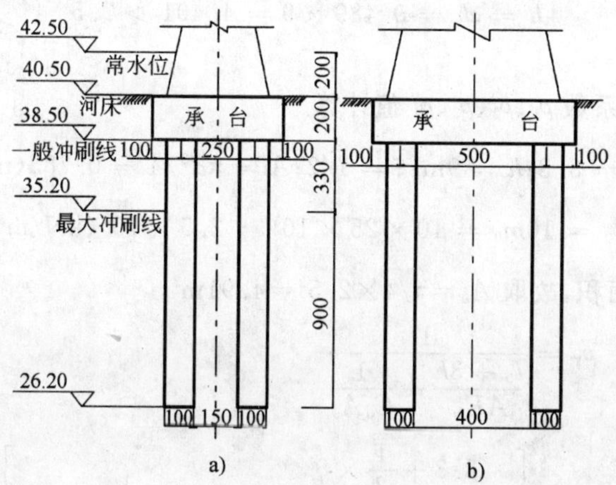

图 5-1　双排桩断面

a)纵桥向断面；b)横桥向断面

5.1.3　桩顶及最大冲刷线处荷载 P_i、Q_i、M_i 及 P_0、Q_0、M_0 的计算

1.参数计算

(1)桩的计算宽度 b_1

$$b_1 = K_f \times K_0 \times K \times d = 0.9 \times (d+1)K = 0.9 \times (1+1)K = 1.8K$$

又 $L_1=1.5\text{m}; h_1=3(d+1)=6\text{m}; n=2; b'=0.6$

故　　$K=b'+(1-b')\times L_1/h_1=0.6+(1-0.6)/0.6\times 1.5/6=0.767$

∴　　$b_1=0.99\times 0.767=1.38$

(2)桩的变形系数 α

$$\alpha=\sqrt[5]{\frac{mb_1}{EI}};$$

$$m=\frac{m_1h_1^2+m_2(2h_1+h_2)h_2}{h_m^2}$$

$$=[8\times 10^3\times 2.7^2+25\times 10^3\times (2\times 2.7+1.3)\times 1.3]/4^2=17.25\times 10^3$$

$$E=0.67E_h=0.67\times 2.6\times 10^7=1.74\times 10^7(\text{kN/m}^2)$$

$$I=\frac{\pi d^4}{64}=0.0491(\text{m}^4)$$

∴　　$\alpha=\sqrt[5]{\dfrac{17.25\times 10^3\times 1.38}{1.74\times 10^7\times 0.0491}}=0.489$

桩在最大冲刷线以下深度 $h=9\text{m}$，其计算长度则为：

$$\bar{h} = \alpha h = 0.489 \times 9 = 4.401 > 2.5$$

故按弹性桩计算。

(3)桩顶刚度系数 ρ_1、ρ_2、ρ_3、ρ_4 值计算

$$l_0 = 3.3; h = 9\text{m}; \xi = 1/2; A = \pi d^2/4 = 0.785(\text{m}^2)$$

$$C_0 = 10m_0 = 10 \times 25 \times 10^3 = 2.5 \times 10^5(\text{kN/m}^3)$$

按桩中心距计算面积，故取 $A_0 = \pi/4 \times 2.5^2 = 4.91\text{m}^2$

$$\rho_1 = \frac{1}{\dfrac{l_0 + 3h}{AE_h} + \dfrac{1}{C_0 A_0}}$$

$$= \left[\frac{3.3 + \frac{1}{2} \times 9}{0.785 \times 2.6 \times 10^7} + \frac{1}{2.5 \times 10^3 \times 4.91}\right]^{-1}$$

$$= 8.355 \times 10^5 = 0.977EI$$

已知：$\bar{h} = \alpha h = 0.489 \times 9 = 4.401 > 4$，取用 4

$$\tau_0 = \alpha l_0 = 0.489 \times 3.3 = 1.614$$

查附表得：$x_Q = 0.262564; x_m = 0.448403; \phi_m = 1.063181$

$$\rho_{2@} = \alpha^3 EIx_Q = 0.031EI$$

$$\rho_{3@} = \alpha^2 EIx_m = 0.107EI$$

$$\rho_{4@} = \alpha EI\phi_m = 0.520EI$$

(4)计算承台底面原点 O 处位移 a_0、b_0、β_0

$$b_0 = \frac{N}{n\rho_1} = 7234.4/(4 \times 0.977EI) = 1851.42/EI$$

$$n\rho_4 + \rho_1 \sum_{i=1}^{m} X_i^2 = 4 \times 0.50EI + 0.977EI \times 4 \times 1.25^2$$

$$n\rho_2 = 4 \times 0.031EI = 0.124EI$$

$$n\rho_3 = 4 \times 0.107EI = 0.429EI$$

$$(n\rho_3)^2 = (0.429EI)^2 = 0.184(EI)^2$$

$$\therefore \alpha_0 = \frac{\left(n\rho_4 + \rho_1 \sum_{i=1}^{m} x_i^2\right)H + n\rho_3 M}{n\rho_2\left(n\rho_4 + \rho_1 \sum_{i=1}^{m} x_i^2\right) - (n\rho_3)^2} = \frac{8.185EI \times 298.8 + 0.429EI \times 4445.3}{0.124EI \times 8.185EI - 0.184(EI)^2} = \frac{5299.66}{EI}$$

$$\beta_0 = \frac{n\rho_2 M + n\rho_3 H}{n\rho_2\left(n\rho_4 + \rho_1 \sum_{i=1}^{m} x_i^2\right) - (n\rho_3)^2} = \frac{0.124EI \times 4445.3 + 0.429EI \times 298.8}{0.124EI \times 8.185EI - 0.184(EI)^2} = \frac{820.80}{EI}$$

2. 计算作用在每根桩顶上的作用力 P_i、Q_i、M_i

竖向力 $P_i=\rho_1(b_0+x_i\beta_0)$

$$=0.977EI\times\left(\frac{1851.42}{EI}\pm1.25\times\frac{820.80}{EI}\right)=\begin{pmatrix}2810.87\text{kN}\\806.33\text{kN}\end{pmatrix}$$

$$\text{水平力 } Q_i=\rho_2a_0-\rho_3\beta_0=0.031EI\times\frac{5299.66}{EI}-0.107EI\times\frac{820.80}{EI}=74.7(\text{kN})$$

$$\text{弯矩 } M_i=\rho_4\beta_0-\rho_{3@}a_0=0.520EI\times\frac{820.80}{EI}-0.107EI\times\frac{5299.66}{EI}$$

$$=-141.50(\text{kN}\cdot\text{m})$$

校核：

$$nQ_i=4\times74.7=298.8\text{kN}=\sum H=298.8(\text{kN})$$

$$\sum_{i=1}^{n}X_iP_i+nM_i=2\times(2810.87-806.33)\times1.25+4\times(-141.50)$$

$$=4445.3(\text{kN}\cdot\text{m})=\sum M=4445.3\text{kN}\cdot\text{m}$$

$$\sum_{i=1}^{n}nP_i=2\times(2810.87+806.33)=7234.4(\text{kN})=\sum P=7234.4\text{kN}$$

3. 计算最大冲刷线处桩身弯矩 M_0、水平力 Q_0 及轴向力 P_0

$$M_0=M_i+Q_il_0=-141.50+74.7\times3.3=105.00(\text{kN}\cdot\text{m})$$

$$Q_0=74.7\text{kN}$$

$$P_0=2810.87+0.785\times3.3\times15=2849.73(\text{kN})$$

4. 最大弯矩 M_{max} 及最大弯矩位置 Z_{max} 的计算

$$\alpha=0.489$$

$$\alpha h=0.489\times9C_Q=\frac{\alpha M_0}{Q_0}=4.401$$

$$C_Q=\frac{\alpha M_0}{Q_0}=0.489\times105.00=0.687$$

查表得，$\alpha/Z=1.043/Z=1.043/0.489=2.132$

查得，$k_m=1.972$

$$M_{max}=M_0k_m=105.00\times1.972=207.06(\text{kN}\cdot\text{m})$$

5. 桩顶纵向水平位移验算

桩在最大冲刷线处水平位移 x_0 和转角 ϕ_0：

$$x_0 = \frac{Q_0}{\alpha^3 EI}A_x + \frac{M_0}{\alpha^2 EI}B_x = 74.7/0.489^3 EI \times 2.44066 + 105/0.489^2 EI \times 1.62100$$

$$= 2.644 \times 10^{-3}\text{m} = 2.644\text{mm} < 6\text{mm}(\text{符合规范要求})$$

$$\phi_0 = \frac{Q_0}{\alpha^2 EI}A_\phi + \frac{M_0}{\alpha EI}B_\phi$$

$$= 74.7/0.489^2 EI \times (-1.62100) + 105/0.489EI \times (-1.75058)$$

$$= -1.027 \times 10^{-3}\text{rad}$$

$$x_Q = \frac{Ql_0^3}{3EI} = 74.7 \times 3.3^3/3 \times 8.588 \times 10^5 = 1.042 \times 10^{-3}\text{m} = 1.042\text{m}$$

$$x_m = \frac{Ql_0^2}{2EI} = -141.50 \times 3.3^2/2 \times 8.588 \times 10^5 = -8.97 \times 10^{-4}\text{m} = -0.897\text{m}$$

∴桩顶纵向水平位移：

$$x_1 = (2.644 + 1.027 \times 12.3 + 1.042 - 0.897) \times 10^{-3} = 15.43 \times 10^{-3}\text{m} = 15.43\text{mm}$$

水平位移容许值$[\Delta]=0.5\sqrt{25}=2.5$cm，符合要求。

6.桩身截面配筋的计算

(1)配筋的计算

最大弯矩截面在$Z=2.132$处，此处设计最大弯矩为$M_j=207.06$kN·m。

设计最大承载力为：

$N_j=2849.73+0.5\times2.132\times11.78-40\times3.61\times2.132\times0.5=2708.36$kN

由截面强度的计算公式：

$$N_j \leqslant \frac{\gamma_b}{\gamma_c}R_a Ar^2 + \frac{\gamma_b}{\gamma_s}R_g C\mu r^2$$

$$N_j \times \eta e_0 = \eta M_j \leqslant \frac{\gamma_b}{\gamma_c}R_a Br^3 + \frac{\gamma_b}{\gamma_s}R_g D\mu g r^3$$

取以上两式的临界状态分析，整理得：

$$\mu = \frac{R_a}{R_g} \times \frac{Br - A(\eta e_0)}{C(\eta e_0) - Dgr}$$

现拟定采用C20混凝土，HPB235钢筋，$R_a=11$MPa，$R_g=240$MPa。

①计算偏心距增大系数

$$e_0 = M_j/N_j = 207.06/2708.39 = 76.5\text{mm}$$

因 $\alpha h=4.401>4.0$,故桩的计算长度 $l_P=0.5\times(3.3+4.0/0.489)=5.740(\text{mm})$。

长细比 $l_P/d=5740/1000=5.740<7$,可不考虑纵向弯曲对偏心矩的影响,取 $\eta=1$。

②计算受压区高度系数

$$\eta e_0=1\times 76.5=76.5(\text{mm})$$

$$r=d/2=1000/2=500(\text{mm})$$

设 $g=0.9$,则 $r_g=gr=0.90\times 500=450(\text{mm})$

$$\mu=\frac{R_a}{R_g}\times\frac{Br-A(\eta e_0)}{C(\eta e_0)-Dgr}$$

$$=\frac{11}{240}\times\frac{B\times 500-A\times 76.5}{C\times 76.5-D\times 450}$$

$$=\frac{5500B-841.5A}{18360C-108000D}$$

$$N_u=\frac{\gamma_b}{\gamma_c}R_aAr^2+\frac{\gamma_b}{\gamma_s}R_gC\mu r^2$$

$$=0.95/1.25\times 11\times A\times(500)^2+0.95/1.25\times 240\times C\mu 500^2$$

$$=2090000\text{A}+45600000C\mu$$

现采用试算法列表计算(见表5-2):

受压区高度系数 ξ 计算表 表5-2

ξ	A	B	C	D	μ	$N_u(N)$	$N_j(N)$	N_u/N_j
0.96	2.5890	0.4011	2.3359	0.6847	−0.00088	5317×10^3	2708×10^3	1.963
0.97	2.6158	0.3865	2.3690	0.6590	0.002726	5761×10^3	2708×10^3	2.127
0.98	2.6424	0.3717	2.4012	0.6339	0.007353	6328×10^3	2708×10^3	2.336
0.99	2.6685	0.3566	2.4324	0.6094	0.013435	7067×10^3	2708×10^3	2.609
1.00	2.6943	0.3413	2.4627	0.5856	0.021637	8061×10^3	2708×10^3	2.976

由计算表可见,当 $\xi=0.97$ 时,计算纵向力 N_u 与设计值 N_j 之比较为合理,故取 $\xi=0.97$,$\mu=0.002726$ 为计算值。

③计算所需纵向钢筋的截面积

$$A_g=\mu\pi r^2=0.002726\times\pi\times(500)2=2141(\text{mm}^2)$$

现选用 $10\phi 18$,$A_g=25.45\text{cm}^2$,布置如图5-2所示。混凝土净保护层 $c=60-20/$

$2=50mm>25mm$，纵向钢筋间净距为 $256mm>80mm$。

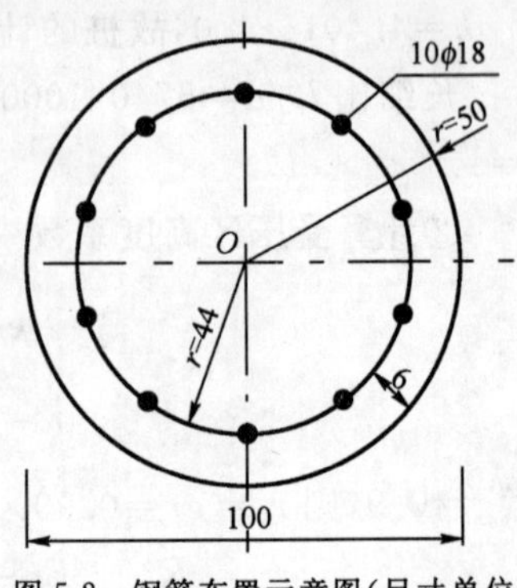

图 5-2　钢筋布置示意图(尺寸单位：cm)

(2)对截面进行强度复核

由前面的计算结果：$\eta e_0=76.5mm$；$a=60mm$；$r_g=450mm$；$g=0.9$

实际配筋率 $\mu=\frac{4A_g}{\pi d^2}=4\times25.45/(\pi\times50^2)=0.01296$

①在垂直于弯矩作用平面内

长细比 $l_p/d=5.740<7$，故纵向弯曲系数 $\varphi=1$。

混凝土截面积为 $A_h=\pi d^2/4=785398mm^2$，实际纵向钢筋面积 $A_g=2545mm^2$，

则在垂直于弯矩作用平面内的承载力为：

$$N_u=\varphi\gamma_b\left(\frac{1}{\gamma_c}R_aA_h+\frac{1}{\gamma_s}R'_gA_g\right)$$

$$=1\times0.95\times(1/1.25\times11\times785398+1/1.25\times240\times2545)$$

$$=7030.137(kN)>N_j=2708kN$$

②在弯矩作用平面内

$$\eta e_0=\frac{BR_a+D\mu gR_g}{AR_a+C\mu R_g}r$$

$$=\frac{B\times11+D\times0.01296\times0.9\times240}{A\times11+C\times0.01296\times240}\times500$$

$$=\frac{5500B+1327.95D}{11A+3.110C}$$

同样采用试算法可得，当 $\xi=0.98$ 时，$\eta e_0=78.99mm$，与设计的 $\eta e_0=76.5mm$ 很接近，故取 $\xi=0.98$ 为计算值。在弯矩作用平面内的承载力为：

$$N_u=\frac{\gamma_b}{\gamma_c}R_aAr^2+\frac{\gamma_b}{\gamma_s}C\mu r^2R_g$$

$$=0.95/1.25\times11\times2.6424\times(500)^2+0.95/1.25\times240\times2.3690\times0.007353\times(500)^2$$

$$=6327.73(kN)>N_j=2708kN$$

$$M_u=\frac{\gamma_b}{\gamma_c}R_aBr^3+\frac{\gamma_b}{\gamma_s}D\mu r^2R_g$$

$$=0.95/1.25\times11\times0.3717\times(500)^3+0.95/1.25\times240\times0.6339\times0.007353\times(500)^2$$

$= 484.07(\text{kN·m}) > M_j = 207.06\text{kN·m}$

桩截面符合强度要求。

7.承台结构设计计算

承台(见图图 5-3)的有效高度为:

$$h_0 = 200 - 20 - 3 = 177(\text{cm})$$

(1)承台受冲切验算

桩边冲切,计算冲跨比:

$$\lambda_{0x} = \frac{a_{0x}}{h_0} = 100/177 = 0.565$$

$$\lambda_{0y} = \frac{a_{0y}}{h_0} = 25/177 = 0.141 < 0.2,\text{取 } 0.2$$

计算冲切系数:

$$\beta_{0x} = \frac{0.84}{\lambda_{0x} + 0.2} = 0.84/(0.565 + 0.2)$$
$$= 1.098$$

$$\beta_{0y} = \frac{0.84}{\lambda_{0y} + 0.2} = 0.84/(0.2 + 0.2)$$
$$= 2.100$$

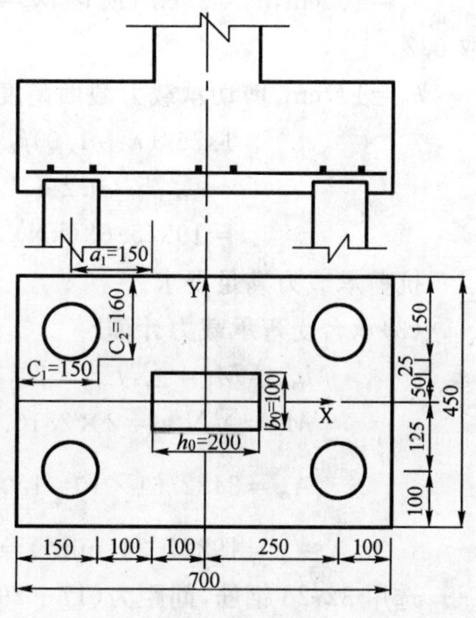

图 5-3 桩承台计算图(尺寸单位:cm)

取 $\beta_{hp} = 1.0$,则:

$$2 \times [\beta_{0x}(b_c + a_{0y}) + \beta_{0y}(h_c + a_{0x})]\beta_{hp} f_t h_0$$
$$= 2 \times [0.565 \times (1 + 0.25) + 2.100 \times (2 + 1.5)] \times 1.0 \times 1100 \times 1.77$$
$$= 32371.04(\text{kN}) > 2810.87\text{kN}$$

满足要求。

桩向上冲切,$c_1 = c_2 = 150\text{cm}$;$a_{1x} = 100\text{cm}$;$a_{1y} = 25\text{cm}$。所以,$\lambda_{1x} = 0.565$;$\lambda_{1y} = 0.2$,计算冲切系数:

$$\beta_{1x} = \frac{0.56}{\lambda_{1x} + 0.2} = 0.56/0.565 + 0.2 = 0.732$$

$$\beta_{1y} = \frac{0.56}{\lambda_{1y} + 0.2} = 0.56/0.2 + 0.2 = 1.400$$

取 $\beta_{hp} = 1.0$,所以:

$$\left[\beta_{1x}\left(c_2 + \frac{a_{1y}}{2}\right) + \beta_{1y}\left(c_1 + \frac{a_{1x}}{2}\right)\right]\beta_{hp} f_t h_0$$
$$= [0.732 \times (1.50 + 0.125) + 1.400 \times (1.50 + 0.5)] \times 1.0 \times 1100 \times 1.77$$
$$= 7767.56(\text{kN}) > 2810.87\text{kN}$$

满足要求。

(2)抗剪承载力计算

$a_x=100\text{cm}$，$a_y=25\text{cm}$，所以，$\lambda_x=a_x/h_0=100/177=0.565$，$\lambda_y=a_y/h_0=0.141$，取 0.2。

$h_0=177\text{cm}$，剪切承载力截面高度影响系数 $\beta_{hs}=1.0$。

$$1.75/(\lambda+1.0)\beta_{hs}f_t b_0 h_0$$
$$=1.75/(0.2+1.0)\times1.0\times1100\times7\times1.77$$
$$=19875.63(\text{kN})>\sum H=298.8\text{kN}$$

抗剪承载力满足要求。

(3)承台受弯承载力计算

$$M_{max}=M_y=\sum N_i x_i=2\times2810.87\times1.50=8432.61(\text{kN}\cdot\text{m})$$
$$M_x=\sum N_i y_i=2\times2810.87\times0.75=4216.31(\text{kN}\cdot\text{m})$$
$$A_{sx}=8432.61\times10^6/1.0\times(1770-0.55\times1770/2)\times340$$
$$=19327.34(\text{mm}^2)=193.27(\text{cm}^2)$$

选用 32ϕ28 钢筋，间距为(17+29×14+17)cm，则实际钢筋面积=197.02cm^2，混凝土保护层为 5cm，沿 x 轴方向布置。

$$A_{sy}=(4216.31+3847.7)\times10^6/1.0\times(1770-0.55\times1770/2)\times340$$
$$=18482.51(\text{mm}^2)=184.83(\text{cm}^2)$$

选用 31ϕ28 钢筋，间距为 23cm，则实际钢筋面积=190.86cm^2，混凝土保护层为 5cm，沿 x 轴方向布置。

5.2 塔吊桩基础计算

5.2.1 工程概况

塔吊型号：QTZ40，自重(包括压重) $F_1=287.83\text{kN}$，最大起重荷载 $F_2=46.60\text{kN}$，塔吊倾覆力矩 $M=400.00\text{kN}\cdot\text{m}$，塔吊起重高度 $H=25.00\text{m}$，塔身宽度 $B=1.24\text{m}$；混凝土强度：C35；钢筋级别：II 级；承台长度 L_c 或宽度 $B_c=3.20\text{m}$，桩直径或方桩边长 $d=0.80\text{m}$，桩间距 $a=2.00\text{m}$，承台厚度 $H_c=1.20\text{m}$，基础埋深 $D=0.50\text{m}$，承台箍筋间距 $S=25.00\text{mm}$，保护层厚度 50mm。

5.2.2 塔吊基础承台顶面的竖向力与弯矩计算

(1)塔吊自重(包括压重)：$F_1=287.83\text{kN}$

(2)塔吊最大起重荷载：$F_2=46.60\text{kN}$

(3)作用于桩基承台顶面的竖向力：$F=1.2\times(F_1+F_2)=401.316\text{kN}$

(4)塔吊的倾覆力矩：$M=1.4\times400.00=560\text{kN}\cdot\text{m}$

5.2.3 矩形承台弯矩的计算

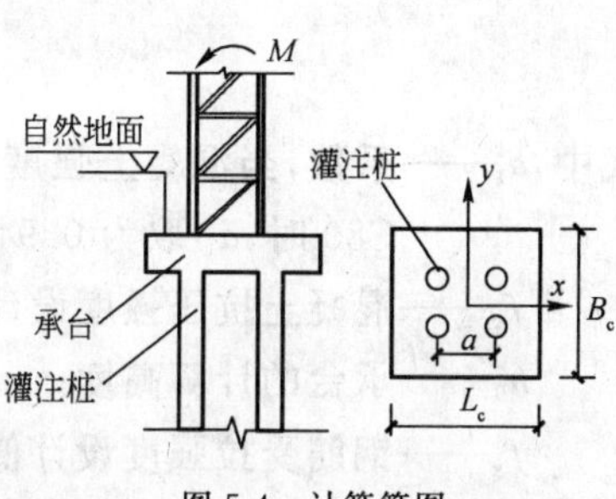

图 5-4 计算简图

计算简图见图 5-4。

图中 x 轴的方向是随机变化的，设计计算时应按照倾覆力矩 M 最不利方向进行验算。

(1)桩顶竖向力的计算(依据《建筑桩基础技术规范》(JGJ 94—94)的第 5.1.1 条)

$$N_i=\frac{F+G}{n}\pm\frac{M_x y_i}{\sum y_i^2}\pm\frac{M_y x_i}{\sum x_i^2}$$

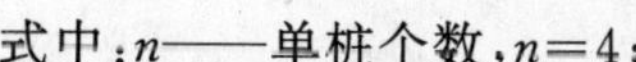

式中：n——单桩个数，$n=4$；

F——作用于桩基承台顶面的竖向力设计值，$F=1.2\times334.43=401.316\text{kN}$；

G——桩基承台的自重，$G=1.2\times(25.0\times B_c\times B_c\times H_c+20.0\times B_c\times B_c\times D)$ $=368.64\text{kN}$；

M_x, M_y——承台底面的弯矩设计值，kN·m；

x_i, y_i——单桩相对承台中心轴的 XY 方向距离，m；

N_i——单桩桩顶竖向力设计值，kN。

经计算得到单桩桩顶最大压力设计值：

$$N=(401.316+368.64)/4+560\times(2.00/1.414)/[2\times(2.00/1.414)^2]$$
$$=390.449(\text{kN})$$

(2)矩形承台弯矩的计算(依据《建筑桩技术规范》(JGJ 94—94)的第 5.6.1 条)

$$M_{x1}=\sum N_{i1}y_i \qquad M_{y1}=\sum N_{i1}x_i$$

式中：M_{x1}, M_{y1}——计算截面处 xy 方向的弯矩设计值，kN·m；

x_i, y_i——单桩相对承台中心轴的 xy 方向距离，m；

N_{i1}——扣除承台自重的单桩桩顶竖向力设计值，kN，$N_{i1}=N_i-G/n$。

经过计算得到弯矩设计值：

$$M_{x1}=M_{y1}=2\times(390.449-368.64/4)\times(2.00/1.414)=843.8161(\text{kN}\cdot\text{m})$$

5.2.4 矩形承台截面主筋的计算

依据《混凝土结构设计规范》(GB 50010—2002)第 7.2 条受弯构件承载力计算。

$$\alpha_s=\frac{M}{\alpha_1 f_c b h_0^2}$$

$$\zeta=1-\sqrt{1-2\alpha_s}$$

$$\gamma_s=1-\zeta/2$$

$$A_s = \frac{M}{\gamma_s h_0 f_y}$$

式中：α_1——系数，当混凝土强度不超过 C50 时，α_1 取为 1.0；当混凝土强度等级为 C80 时，α_1 取为 0.94；期间按线性内插法确定；

f_c——混凝土抗压强度设计值；

h_0——承台的计算高度；

f_y——钢筋受拉强度设计值，$f_y=300\text{N/mm}^2$。

经过计算得 $\alpha_s=843.8161\times10^6/(1\times16.7\times3200\times750^2)=0.0281$

$$\zeta = 1-(1-2\times0.0281)^{0.5} = 0.0285$$

$$\gamma_s = 1-0.0285/2 = 0.9858$$

$$A_{sx} = A_{sy} = 843.8161\times10^6/(0.9858\times750\times300) = 3804.3151(\text{mm}^2)。$$

5.2.5 矩形承台截面抗剪切计算

本计算依据《建筑桩基础技术规范》(JGJ 94—94)。

根据计算方案可以得到 xy 方向桩对矩形承台的最大剪切力，考虑对称性，记为 $V=390.449\text{kN}$。考虑到承台配置箍筋的情况，斜截面受剪承载力应满足下面公式：

$$\gamma_0 V \leqslant \beta f_c b_0 h_0 + 1.25 f_y \frac{A_{sv}}{s} h_0$$

式中：γ_0——建筑桩基重要性系数，取 1.0；

β——剪切系数，$\beta=0.1192$；

f_c——混凝土轴心抗压强度设计值，$f_c=16.7\text{N/mm}^2$；

b_0——承台计算截面处的计算宽度，$b_0=3200\text{mm}$；

h_0——承台计算截面处的计算高度，$h_0=750\text{mm}$；

f_y——钢筋受拉强度设计值，$f_y=300\text{N/mm}^2$；

S——箍筋的间距，$S=25\text{mm}$。

经过计算承台已满足抗剪要求，只需按构造配箍筋。

5.2.6 桩承载力验算

桩承载力计算依据《建筑桩基础技术规范》(JGJ 94—94)。

根据计算方案可以得到桩的轴向压力设计值，取其中最大值 $N=390.449\text{kN}$。桩顶轴向压力设计值应满足下面的公式：

$$\gamma_0 N \leqslant f_c A$$

式中：γ_0——建筑桩基重要性系数，取 1.0；

f_c——混凝土轴心抗压强度设计值，$f_c=16.7\text{N/mm}^2$；

A——桩的截面面积，$A=0.5027m^2$。

经过计算得到桩顶轴向压力设计值满足要求，只需按构造配筋。

5.2.7 桩竖向极限承载力验算及桩长计算

桩承载力计算依据《建筑桩基础技术规范》(JGT 94—94)，根据计算方案可以得到桩的轴向压力设计值，取其中最大值 $N=390.449kN$。桩竖向极限承载力验算应满足下面的公式：

最大压力：

$$R=(Q_{sk}+Q_{pk})/\gamma_{sp}=(u\sum q_{sik}l_i+q_{pk}A_p)/\gamma_{sp}$$

式中：R——最大极限承载力，最大压力时取 $N_{max}=390.449kN$；

q_{sik}——桩侧第 i 层土的极限侧阻力标准值，取值如表 5-3；

q_{pk}——桩侧第 i 层土的极限端阻力标准值，取值如表 5-3；

u——桩身的周长，$u=2.5133m$；

A_p——桩端面积，取 $A_p=0.5027m^2$；

γ_{sp}——桩侧阻端综合阻力分项系数，取 1.60；

l_i——第 i 层土层的厚度，取值如表 5-3。

第 i 层土层厚度及侧阻力标准值表 表 5-3

序　号	第 i 层土厚度(m)	第 i 层土侧阻力标准值(kPa)	第 i 层土端阻力标准值(kPa)
1	1.4	26	950
2	2.0	62	1200
3	2.5	62	1200
4	2.8	60	1600
5	1.4	60	1600
6	1.7	60	1900
7	5.2	60	1900
8	3.1	60	1900
9	10.3	60	1600

由于桩的入土深度为 17.50m，所以桩端是在第 8 层土层。

最大压力验算：

$$R=[2.5133\times(1.4\times26+2.0\times62+2.5\times62+2.8\times60+1.4\times60+1.7\times60+5.2\times60+0.5\times60)+1900\times0.5027]/1.6=2185.676(kN)>N=390.449kN$$

所以满足要求。

5.3 桩基承台计算

5.3.1 D400 二桩基承台计算

1. 工程概况

承台类型：二桩承台(图 5-5)

计算简图见图 5-5

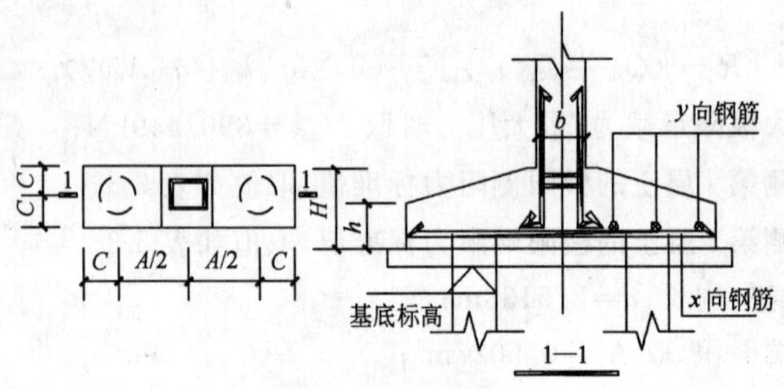

图 5-5 计算简图

(1)依据规范

《建筑地基基础设计规范》(GB 50007—2002)

《混凝土结构设计规范》(GB 50010—2002)

(2)几何参数

承台边缘至桩中心距：$C=400\text{mm}$；桩列间距：$A=1200\text{mm}$；桩行间距：$B=1500\text{mm}$；承台根部高度：$H=1250\text{mm}$；承台端部高度：$h=1250\text{mm}$；纵筋合力重心到底边的距离：$a_s=70\text{mm}$；平均埋深：$h_m=0.60\text{m}$；矩形柱宽：$B_c=500\text{mm}$；矩形柱高：$H_c=500\text{mm}$；方桩边长：$L_s=400\text{mm}$。

(3)荷载设计值(作用在承台顶部)

竖向荷载：$F=3012.00\text{kN}$

绕 y 轴弯矩：$M_y=150.00\text{kN}\cdot\text{m}$

x 向剪力：$V_x=0.00\text{kN}$

(4)作用在承台底部的弯矩

绕 y 轴弯矩：$M_{0y}=M_y+V_x\times H=150.00+(0.00)\times 1.25=150.00\text{kN}\cdot\text{m}$

(5)材料信息

混凝土强度等级：C30；$f_c=14.30\text{N/mm}^2$；$f_t=1.43\text{N/mm}^2$

钢筋强度等级：HRB335；$f_y=300.00\text{N/mm}^2$

2. 承台计算

(1)基桩净反力设计值

计算公式：

$$N_i = F/n \pm M_0 \times y_i / \sum(y_j \times y_j) \pm M_{0y} \times x_i / \sum(x_j \times x_j)$$

$$N_1 = F/n + M_{0y} \times x_1 / \sum(x_j \times x_j)$$

$$= 3012.00/2 + (150.00) \times (-0.60)/0.72 = 1381.00(\text{kN})$$

$$N_2 = F/n + M_{0y} \times x_2 / \sum(x_j \times x_j)$$

$$= 3012.00/2 + (150.00) \times (0.60)/0.72 = 1631.00(\text{kN})$$

(2)承台受柱冲切验算

计算公式：

$$F_1 \leqslant 2 \times [\beta_{0x} \times (b_c + a_{0y}) + \beta_{0y} \times (h_c + a_{0x})] \times \beta_{hp} \times f_t \times h_0$$

自柱边到最近桩边的水平距离：

$$a_0 = 0.15\text{m}$$

最不利一侧冲切面计算长度：

$$b_m = 0.65\text{m}$$

作用于最不利冲切面以外冲切力设计值：

$$F_1 = 1631.00\text{kN}$$

冲垮比：

$$\lambda_0 = a_0 / h_0 = 0.15/1.18 = 0.13$$

$$\lambda_0 < 0.2 \text{ 取 } \lambda_0 = 0.2$$

冲切系数：

$$\beta_0 = 0.84/(\lambda_0 + 0.2) = 0.84/(0.20 + 0.2) = 2.10$$

$$\beta_0 \times b_m \times \beta_{hp} \times f_t \times h_0$$

$$= 2.10 \times 0.65 \times 0.96 \times 1430.00 \times 1.18$$

$$= 2216.93(\text{kN}) > F_1 = 1631.00\text{kN}$$

满足要求。

(3)承台受剪验算

计算公式：

$$F_1 \leqslant \beta_{hs} \times \beta \times f_t \times b_0 \times h_0$$

垂直 x 方向截面的抗剪计算：

x 方向上自柱边到计算一排桩的桩边的水平距离：

$$a_0 = 0.15\text{m}$$

斜截面上最大剪力设计值：

$$V_1 = 1631.00\text{kN}$$

计算截面的剪跨比：

$$\lambda = a_0 / h_0 = 0.15/1.18 = 0.13$$

$$\lambda < 0.3 \qquad \lambda = 0.3$$

剪切系数：

$$\beta=1.75/(\lambda+1.0)=1.75/(0.30+1.0)=1.35$$

承台计算截面的计算宽度：

$$b_e=b\times[1.0-0.5\times(h-h_e)/h_0\times(1.0-(b_c+2\times50.0)/b)]$$
$$=0.80\times[1.0-0.5\times(1.25-1.25)/1.18\times(1.0-(0.50+2\times50.0)/0.80)]$$
$$=0.80\text{m}$$

$$\beta_{hs}\times\beta\times f_t\times b_e\times h_0$$
$$=0.91\times1.35\times1430.00\times0.80\times1.18$$
$$=1648.94(\text{kN})>V_1=1631.00\text{kN}$$

满足要求。

(4)承台受弯计算

计算公式：

$$M_y=\sum N_i\times x_i$$

垂直 x 轴方向计算截面处弯矩计算：

$$M_y=\sum N_i\times x_i=570.85(\text{kN}\cdot\text{m})$$

相对受压区高度：$\zeta=0.04$　　　配筋率：$\rho=0.0016$

x 向钢筋：$A_{sx}=1642.32\text{mm}^2$

(5)承台受压验算

计算公式：

$$F_1\leqslant1.35\times\beta_c\times\beta_1\times f_c\times A_1$$

局部荷载设计值：$F_1=F_c=3012.00\text{kN}$

混凝土局部受压面积：$A_1=b_c\times h_c=0.50\times0.50=0.25(\text{m}^2)$

混凝土局部受压计算面积：$A_b=0.64\text{m}^2$

混凝土受压时强度提高系数：$\beta_1=\sqrt{A_b/A_1}=\sqrt{0.64/0.25}=1.60$

$$1.35\times\beta_c\times\beta_1\times f_c\times A_1$$
$$=1.35\times1.00\times1.60\times14300.00\times0.25$$
$$=7722.00(\text{kN})>F_1=3012.00\text{kN}$$

满足要求。

3.配筋结果

(1)x 方向钢筋选筋结果

计算面积 A_s：1642.32mm^2

采用方案：15ϕ12

实配面积：1696.46mm^2

(2)y 方向钢筋选筋结果

计算面积 A_s:0.00mm²
采用方案:ϕ8@200
实配面积:552.92mm²

5.3.2 三桩基承台计算书

1.工程概况

承台类型:三桩承台

承台计算方式:程序自动设计

计算简图见图5-6。

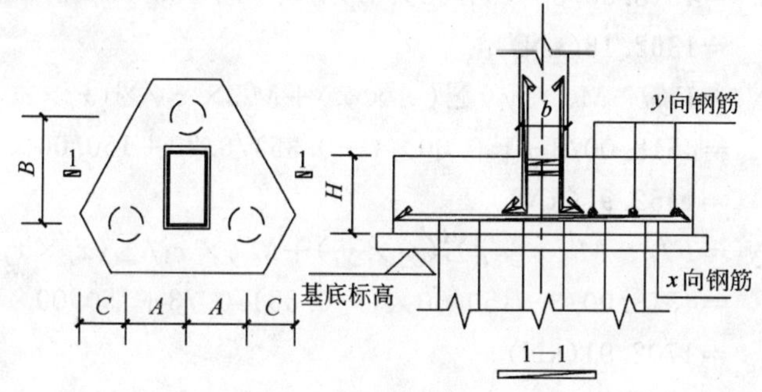

图5-6 计算简图

(1)依据规范

《建筑地基基础设计规范》(GB 50007—2002)

《混凝土结构设计规范》(GB 50010—2002)

(2)几何参数

承台边缘至桩中心距:$C=462$mm;桩列间距:$A=600$mm;桩行间距:$B=1043$mm;承台根部高度:$H=800$mm;承台端部高度:$h=800$mm;纵筋合力重心到底边的距离:$a_s=70$mm;平均埋深:$h_m=0.60$m;矩形柱宽:$B_c=500$mm;矩形柱高:$H_c=500$mm;方桩边长:$L_s=400$mm。

(3)荷载设计值(作用在承台顶部)

竖向荷载:$F=4518.00$kN

绕 x 轴弯矩:$M_x=150.00$kN·m

绕 y 轴弯矩:$M_y=150.00$kN·m

x 向剪力:$V_x=0.00$kN

y 向剪力:$V_y=0.00$kN

(4)作用在承台底部的弯矩

绕 x 轴弯矩:$M_{0x}=M_x-V_y\times H=150.00-(0.00)\times0.80=150.00$(kN·m)

绕 y 轴弯矩:$M_{0y}=M_y+V_x\times H=150.00+(0.00)\times0.80=150.00$(kN·m)

(5)材料信息

混凝土强度等级：C30，$f_c=14.30\text{N/mm}^2$，$f_t=1.43\text{N/mm}^2$；钢筋强度等级：HRB335，$f_y=300.00\text{N/mm}^2$。

2.承台计算

(1)基桩净反力设计值

计算公式：

$$N_i=F/n\pm M_{0x}\times y_i/\sum(y_j\times y_j)\pm M_{0y}\times x_i/\sum(x_j\times x_j)$$

$$N_1=F/n-M_0\times y_1/\sum(y_j\times y_j)+M_{0y}\times x_1/\sum(x_j\times x_j)$$
$$=4518.00/3-150.00\times 0.70/0.73+150.00\times 0.00/0.72$$
$$=1362.18(\text{kN})$$

$$N_2=F/n-M_{0x}\times y_2/\sum(y_j\times y_j)+M_{0y}\times x_2/\sum(x_j\times x_j)$$
$$=4518.00/3-150.00\times(-0.35)/0.73+150.00\times(-0.60)/0.72$$
$$=1452.91(\text{kN})$$

$$N_3=F/n-M_{0x}\times y_3/\sum(y_j\times y_j)+M_{0y}\times x_3/\sum(x_j\times x_j)$$
$$=4518.00/3-150.00\times(-0.35)/0.73+150.00\times 0.60/0.72$$
$$=1702.91(\text{kN})$$

(2)承台受柱冲切验算

计算公式：

$$F_1\leqslant 2\times[\beta_{0x}\times(b_c+a_{0y})+\beta_{0y}\times(h_c+a_{0x})]\times\beta_{hp}\times f_t\times h_0$$

此承台没有需要进行冲切验算的冲切截面或冲切锥，故柱冲切验算满足。

(3)承台受剪验算

计算公式：

$$F_1\leqslant\beta_{hs}\times\beta\times f_t\times b_0\times h_0$$

①垂直 y 方向截面的抗剪计算

y 方向上自柱边到计算一排桩的桩边的水平距离：

$$a_0=0.25\text{m}$$

斜截面上最大剪力设计值：

$$V_1=1362.18\text{kN}$$

计算截面的剪跨比：

$$\lambda=a_0/h_0=0.25/0.73=0.34$$

剪切系数：

$$\beta=1.75/(\lambda+1.0)=1.75/(0.34+1.0)=1.31$$

承台计算截面的计算宽度：

$$b_e=b\times\{1.0-0.5\times(h-h_e)/h_0\times[1.0-(b_c+2\times 50.0)/b]\}$$

$=1.44\times\{1.0-0.5\times(0.80-0.80)/0.73\times[1.0-(0.50+2\times50.0)/1.44]\}$
$=1.44(\mathrm{m})$

$$\beta_{hs}\times\beta\times f_t\times b_e\times h_0$$
$$=1.00\times1.31\times1430.00\times1.44\times0.73$$
$$=1965.12(\mathrm{kN})>V_1=1362.18\mathrm{kN}$$

满足要求。

②垂直 x 方向截面的抗剪计算

x 方向上自柱边到计算一排桩的桩边的水平距离：

$$a_0=0.15\mathrm{m}$$

斜截面上最大剪力设计值：

$$V_1=1702.91\mathrm{kN}$$

计算截面的剪跨比：

$$\lambda=a_0/h_0=0.15/0.73=0.21$$
$$\lambda<0.3\ \text{取}\ \lambda=0.3$$

剪切系数：

$$\beta=1.75/(\lambda+1.0)=1.75/(0.30+1.0)=1.35$$

承台计算截面的计算宽度：

$b_e=b\times[1.0-0.5\times(h-h_e)/h_0\times(1.0-(b_c+2\times50.0)/b)]$
$=1.85\times[1.0-0.5\times(0.80-0.80)/0.73\times(1.0-(0.50+2\times50.0)/1.85)]$
$=1.85(\mathrm{m})$

$\beta_{hs}\times\beta\times f_t\times b_e\times h_0$
$=1.00\times1.35\times1430.00\times1.85\times0.73$
$=2601.95(\mathrm{kN})>V_1=1702.91\mathrm{kN}$

满足要求。

(4)承台角桩冲切验算

计算公式：

$$N_{11}\leqslant\beta_{11}\times(2_{c1}+a_{11})\times\tan(\theta_1/2)\times\beta_{hp}\times f_t\times h_0$$

计算公式：

$$N_{12}\leqslant\beta_{12}\times(2_{c2}+a_{12})\times\tan(\theta_2/2)\times\beta_{hp}\times f_t\times h_0$$

底部角桩竖向冲反力设计值：

$$N_{11}=1702.91$$

顶部角桩竖向冲反力设计值：

$$N_{12}=1362.18$$

从角桩内边缘至承台外边缘的距离：

$$c_1=1.00\mathrm{m}$$

从角桩内边缘至承台外边缘的距离：

$$c_2=0.98\text{m}$$

x 方向上从承台角桩内边缘引 45°冲切线与承台顶面相交点至角桩内边缘的水平距离(当柱或承台变阶处位于该 45°线以内时，则取由柱边或变阶处与桩内边缘连线为冲切锥体的锥线)：

$$a_{11}=0.15\text{m}$$

y 方向上从承台角桩内边缘引 45°冲切线与承台顶面相交点至角桩内边缘的水平距离(当柱或承台变阶处位于该 45°线以内时，则取由柱边或变阶处与桩内边缘连线为冲切锥体的锥线)：

$$a_{12}=0.21\text{m}$$

x 方向角桩冲垮比：

$$\lambda_{11}=a_1x/h_0=0.15/0.73=0.21$$

y 方向角桩冲垮比：

$$\lambda_{12}=a_1y/h_0=0.21/0.73=0.29$$

x 方向角桩冲切系数：

$$\beta_{11}=0.56/(\lambda_{1x}+0.2)=0.56/(0.21+0.2)=1.38$$

y 方向角桩冲切系数：

$$\beta_{12}=0.56/(\lambda_{1y}+0.2)=0.56/(0.29+0.2)=1.14$$

$$\beta_{11}\times(2\times c_1+a_{11})\times\tan(\theta_1/2)\times\beta_{hp}\times f_t\times h_0$$
$$=1.38\times(2\times1.00+0.15)\times0.58\times1.00\times1430.00\times0.73$$
$$=1790.77(\text{kN})>N_1=1702.91\text{kN}$$ 满足要求。

$$\beta_{12}\times(2\times c_2+a_{12})\times\tan(\theta_2/2)\times\beta_{hp}\times f_t\times h_0$$
$$=1.14\times(2\times0.98+0.21)\times0.58\times1.00\times1430.00\times0.73$$
$$=1482.30\text{kN}>N_1=1362.18\text{kN}$$

满足要求。

(5)承台受弯计算

计算公式：

$$M_1=N_{max}/3\times(s-0.75\times c_1/\sqrt{4-a\times a})$$

计算公式：

$$M_2=N_{max}/3\times(\alpha\times s-0.75\times c_2/\sqrt{4-a\times a})$$

最大基桩反力设计值：$N_{max}=1702.91\text{kN}$

长向桩距：$s=1.20\text{m}$

短向桩距与长向桩距的比值：$\alpha=1.00$

①由承台形心到两腰的垂直距离范围内板带的弯矩设计值：

$M_1 = 1702.91/3 \times (1.20 - 0.75 \times 0.50/\sqrt{4} - 1.00 \times 1.00)$

$= 560.23(\mathrm{kN \cdot m})$

相对受压区高度：$\zeta = 0.09$　　配筋率：$\rho = 0.0041$

1号钢筋：$A_{s1} = 2675.28\mathrm{mm}^2$

②由承台形心到底边的垂直距离范围内板带的弯矩设计值：

$M_2 = 1702.91/3 \times (1.20 - 0.75 \times 0.50/\sqrt{4} - 1.00 \times 1.00)$

$= 558.38(\mathrm{kN \cdot m})$

相对受压区高度：$\zeta = 0.09$　　配筋率：$\rho = 0.0041$

2号钢筋：$A_{s2} = 2684.46\mathrm{mm}^2$

(6)承台受压验算

计算公式：

$$F_1 \leqslant 1.35 \times \beta_c \times \beta_l \times f_c \times A_l$$

局部荷载设计值：$F_1 = F_c = 4518.00\mathrm{kN}$

混凝土局部受压面积：$A_1 = b_c \times h_c = 0.50 \times 0.50 = 0.25(\mathrm{m}^2)$

混凝土局部受压计算面积：$A_b = 1.86\mathrm{m}^2$

混凝土受压时强度提高系数：$\beta_l = \sqrt{A_b/A_1} = \sqrt{1.86/0.25} = 2.73$

$$1.35 \times \beta_c \times \beta_l \times f_c \times A_l$$

$$= 1.35 \times 1.00 \times 2.73 \times 14300.00 \times 0.25$$

$$= 13159.91\mathrm{kN} > F_1 = 4518.00\mathrm{kN}$$ 满足要求。

3. 配筋结果

(1)2号钢筋选筋结果

计算面积 A_s：2684.46mm²

采用方案：8ϕ22

实配面积：3041.06mm²

(2)1号钢筋选筋结果

计算面积 A_s：2675.28mm²

采用方案：8ϕ22

实配面积：3041.06mm²

5.3.3 四桩基承台计算书

1. 工程概况

承台类型：桩承台

承台计算方式：验算承台尺寸

计算简图见图5-7。

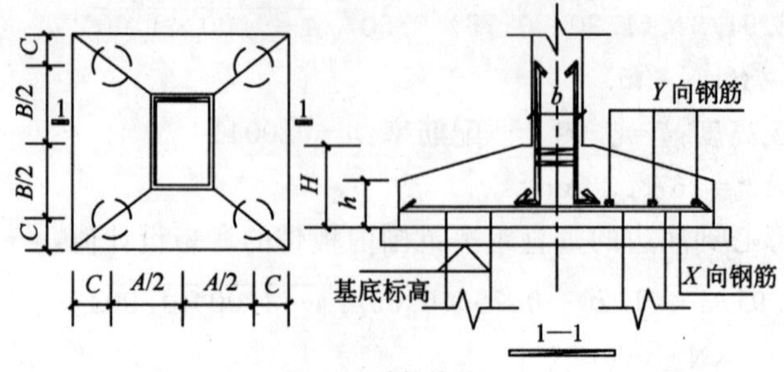

图 5-7 计算简图

(1)依据规范

《建筑地基基础设计规范》(GB 50007—2002)

《混凝土结构设计规范》(GB 50010—2002)

(2)几何参数

承台边缘至桩中心距：$C=400\text{mm}$；桩列间距：$A=1200\text{mm}$；桩行间距：$B=1200\text{mm}$；承台根部高度：$H=1000\text{mm}$；承台端部高度：$h=1000\text{mm}$；纵筋合力重心到底边的距离：$a_s=70\text{mm}$；平均埋深：$h_m=0.60\text{m}$；矩形柱宽：$B_c=600\text{mm}$；矩形柱高：$H_c=600\text{mm}$；方桩边长：$L_s=400\text{mm}$。

(3)荷载设计值(作用在承台顶部)

竖向荷载：$F=6024.00\text{kN}$

绕 x 轴弯矩：$M_x=150.00\text{kN}\cdot\text{m}$

绕 y 轴弯矩：$M_y=150.00\text{kN}\cdot\text{m}$

x 向剪力：$V_x=0.00\text{kN}$

y 向剪力：$V_y=0.00\text{kN}$

(4)作用在承台底部的弯矩

绕 x 轴弯矩：$M_{0x}=M_x-V_y\times H=150.00-(0.00)\times1.00=150.00(\text{kN}\cdot\text{m})$

绕 y 轴弯矩：$M_{0y}=M_y+V_x\times H=150.00+(0.00\times1.00=150.00(\text{kN}\cdot\text{m})$

(5)材料信息

混凝土强度等级：C30，$f_c=14.30\text{N/mm}^2$，$f_t=1.43\text{N/mm}^2$；钢筋强度等级：HRB335，$f_y=300.00\text{N/mm}^2$。

2.承台计算

(1)基桩净反力设计值

计算公式：

$$N_i=F/n\pm M_{0x}\times y_i/\sum(y_j\times y_j)\pm M_{0y}\times x_i/\sum(x_j\times x_j)$$

$$N_1=F/n-M_{0x}\times y_1/\sum(y_j\times y_j)+M_{0y}\times x_1/\sum(x_j\times x_j)$$

$$=6024.00/4-150.00\times0.60/1.44+150.00\times(-0.60)/1.44$$

$=1381.00(\text{kN})$

$N_2=F/n-M_{0x}\times y_2/\sum(y_j\times y_j)+M_{0y}\times x_2/\sum(x_j\times x_j)$

$=6024.00/4-150.00\times0.60/1.44+150.00\times0.60/1.44$

$=1506.00(\text{kN})$

$N_3=F/n-M_{0x}\times y_3/\sum(y_j\times y_j)+M_{0y}\times x_3/\sum(x_j\times x_j)$

$=6024.00/4-150.00\times(-0.60)/1.44+150.00\times(-0.60)/1.44$

$=1506.00(\text{kN})$

$N_4=F/n-M_{0x}\times y_4/\sum(y_j\times y_j)+M_{0y}\times x_4/\sum(x_j\times x_j)$

$=6024.00/4-(150.00)\times(-0.60)/1.44+(150.00)\times(0.60)/1.44$

$=1631.00(\text{kN})$

(2)承台受柱冲切验算

计算公式：

$$F_1\leqslant2\times[\beta_{0x}\times(b_c+a_{0y})+\beta_{0y}\times(h_c+a_{0x})]\times\beta_{hp}\times f_t\times h_0$$

x 方向上自柱边到最近桩边的水平距离：

$$a_{0x}=0.10\text{m}$$

y 方向上自柱边到最近桩边的水平距离：

$$a_{0y}=0.10\text{m}$$

作用于冲切破坏锥体上的冲切力设计值：

$$F_1=F-\sum Q_i=6024.00-0.00=6024.00(\text{kN})$$

x 方向冲垮比：

$$\lambda_{0x}=a_{0x}/h_0=0.10/0.93=0.11$$

y 方向冲垮比：

$$\lambda_{0y}=a_{0y}/h_0=0.10/0.93=0.11$$

$\lambda_{0x}<0.2$ 取 $\lambda_{0x}=0.2$

$\lambda_{0y}<0.2$ 取 $\lambda_{0y}=0.2$

x 方向冲切系数：

$$\beta_{0x}=0.84/(\lambda_{0x}+0.2)=0.84/(0.20+0.2)=2.10$$

y 方向冲切系数：

$\beta_{0y}=0.84/(\lambda_{0y}+0.2)=0.84/(0.20+0.2)=2.10$

$2\times(\beta_{0x}\times(h_c+a_{0y})+\beta_{0y}\times(b_c+a_{0x}))\times\beta_{hp}\times f_t\times h_0$

$=2\times(2.10\times(0.60+0.10)+2.10\times(0.60+0.10))\times0.98\times1430.00\times0.93$

$=7689.48(\text{kN})>F_1=6024.00\text{kN}$

满足要求。

(3)承台受剪验算

计算公式：

$$F_1 \leqslant \beta_{hs} \times \beta \times f_t \times b_0 \times h_0$$

①垂直 y 方向截面的抗剪计算

y 方向上自柱边到计算一排桩的桩边的水平距离：

$$a_0 = 0.10\text{m}$$

斜截面上最大剪力设计值：

$$V_1 = 3137.00\text{kN}$$

计算截面的剪跨比：

$$\lambda = a_0/h_0 = 0.10/0.93 = 0.11$$

$$\lambda < 0.3 \text{ 取 } \lambda = 0.3$$

剪切系数：

$$\beta = 1.75/(\lambda + 1.0) = 1.75/(0.30 + 1.0) = 1.35$$

承台计算截面的计算宽度：

$$\begin{aligned} b_e &= b \times (1.0 - 0.5 \times (h - h_e)/h_0 \times (1.0 - (b_c + 2 \times 50.0)/b)) \\ &= 2.00 \times (1.0 - 0.5 \times (1.00 - 1.00)/0.93 \times [1.0 - (0.60 + 2 \times 50.0)/2.00)] \\ &= 2.00(\text{m}) \end{aligned}$$

$$\begin{aligned} &\beta_{hs} \times \beta \times f_t \times b_e \times h_0 \\ &= 0.96 \times 1.35 \times 1430.00 \times 2.00 \times 0.93 \\ &= 3448.22(\text{kN}) > V_1 = 3137.00\text{kN} \end{aligned}$$

满足要求。

②垂直 x 方向截面的抗剪计算

x 方向上自柱边到计算一排桩的桩边的水平距离：

$$a_0 = 0.10\text{m}$$

斜截面上最大剪力设计值：

$$V_1 = 3137.00\text{kN}$$

计算截面的剪跨比：

$$\lambda = a_0/h_0 = 0.10/0.93 = 0.11$$

$$\lambda < 0.3 \text{ 取 } \lambda = 0.3$$

剪切系数：

$$\beta = 1.75/(\lambda + 1.0) = 1.75/(0.30 + 1.0) = 1.35$$

承台计算截面的计算宽度：

$$\begin{aligned} b_e &= b(1.0 - 0.5 \times (h - h_e)/h_0 \times (1.0 - (b_c + 250.0)/b)) \\ &= 2.00[1.0 - 0.5 \times (1.00 - 1.00)/0.93 \times (1.0 - (0.60 + 250.0)/2.00)] \\ &= 2.00(\text{m}) \end{aligned}$$

$\beta_{hs}\times\beta\times f_t\times b_e\times h_0$

$=0.96\times1.35\times1430.00\times2.00\times0.93$

$=3448.22(kN)>V_1=3137.00kN$

满足要求。

(4)承台角桩冲切验算

计算公式：

$$N_1\leqslant[\beta_{1x}(c_2+a_{1y}/2)+\beta_{1y}\times(c_1+a_{1x}/2)]\times\beta_{hp}\times f_t\times h_0$$

角桩竖向冲反力设计值：

$$N_1=1631.00kN$$

从角桩内边缘至承台外边缘的距离：

$$c_1=C+l_s/2=0.40+0.40/2=0.60m$$

从角桩内边缘至承台外边缘的距离：

$$c_2=C+l_s/2=0.40+0.40/2=0.60m$$

x 方向上从承台角桩内边缘引 45°冲切线与承台顶面相交点至角桩内边缘的水平距离(当柱或承台变阶处位于该 45°线以内时，则取由柱边或变阶处与桩内边缘连线为冲切锥体的锥线)：

$$a_{1x}=0.10m$$

y 方向上从承台角桩内边缘引 45°冲切线与承台顶面相交点至角桩内边缘的水平距离(当柱或承台变阶处位于该 45°线以内时，则取由柱边或变阶处与桩内边缘连线为冲切锥体的锥线)：

$$a_{1y}=0.10m$$

x 方向角桩冲垮比：

$$\lambda_{1x}=a_{1x}/h_0=0.10/0.93=0.11$$

$\lambda_{1x}<0.2$ 取 $\lambda_{1x}=0.2$

y 方向角桩冲垮比：

$$\lambda_{1y}=a_{1y}/h_0=0.10/0.93=0.11$$

$\lambda_{1y}<0.2\qquad\lambda_{1y}=0.2$

x 方向角桩冲切系数：

$$\beta_{1x}=0.56/(\lambda_{1x}+0.2)=0.56/(0.20+0.2)=1.40$$

y 方向角桩冲切系数：

$\beta_{1y}=0.56/(\lambda_{1y}+0.2)=0.56/(0.20+0.2)=1.40$

$\beta_{1x}\times(c_2+a_{1y}/2)+\beta_{1y}\times(c_1+a_{1x}/2)\times\beta_{hp}\times f_t\times h_0$

$=[1.40\times(0.60+0.10/2)+1.40\times(0.60+0.10/2)]\times0.98\times1430.00\times0.93$

$=2380.08(kN)>N_1=1631.00kN$

满足要求。

(5)承台受弯计算

计算公式：

$$M_x=\sum N_i \times y_i$$

计算公式：

$$M_{\mathrm{y}}=\sum N_{\mathrm{i}} \times x_{\mathrm{i}}$$

①垂直 x 轴方向计算截面处弯矩

$$M_y=\sum N_i \times x_i=941.10\mathrm{kN \cdot m}$$

相对受压区高度：$\zeta=0.04$　　配筋率：$\rho=0.0017$

x 向钢筋：$A_{sx}=3438.19\mathrm{mm}^2$

②垂直 y 轴方向计算截面处弯矩

$$M_x=\sum N_i \times y_i=941.10(\mathrm{kN \cdot m})$$

相对受压区高度：$\zeta=0.04$　　配筋率：$\rho=0.0017$

x 向钢筋：$A_{sy}=3438.19\mathrm{mm}^2$

(6)承台受压验算

计算公式：

$$F_1 \leqslant 1.35 \times \beta_c \times \beta_1 \times f_c \times A_1$$

局部荷载设计值：$F_1=F_c=6024.00(\mathrm{kN})$

混凝土局部受压面积：$A_1=b_c \times h_c=0.60 \times 0.60=0.36(\mathrm{m}^2)$

混凝土局部受压计算面积：$A_b=3.24(\mathrm{m}^2)$

混凝土受压时强度提高系数：$\beta_1=\sqrt{A_b/A_1}=\sqrt{3.24/0.36}=3.00$

$$\begin{aligned}&1.35 \times \beta_c \times \beta_1 \times f_c \times A_1\\&=1.35 \times 1.00 \times 3.00 \times 14300.00 \times 0.36\\&=20849.40\mathrm{kN}>F_1=6024.00\mathrm{kN}\end{aligned}$$ 满足要求。

3.配筋结果

(1)x 方向钢筋选筋结果

计算面积：$A_s=3438.19\mathrm{mm}^2$

采用方案：ϕ18@150

实配面积：$3562.57\mathrm{mm}^2$

(2)y 方向钢筋选筋结果

计算面积：$A_s=3438.19\mathrm{mm}^2$

采用方案：ϕ18@150

实配面积：$3562.57\mathrm{mm}^2$

5.3.4 五桩基承台计算书

1. 工程概况

承台类型：五桩承台

承台计算方式：验算承台尺寸

计算简图见图 5-8。

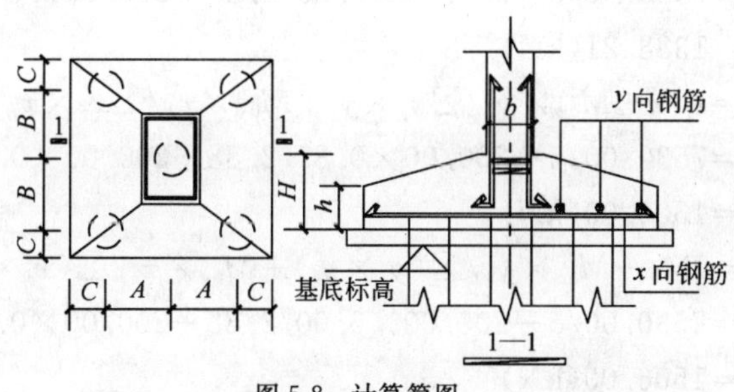

图 5-8 计算简图

(1)依据规范

《建筑地基基础设计规范》(GB 50007—2002)

《混凝土结构设计规范》(GB 50010—2002)

(2)几何参数

承台边缘至桩中心距：$C=400\text{mm}$；桩列间距：$A=849\text{mm}$；桩行间距：$B=849\text{mm}$；承台根部高度：$H=1000\text{mm}$；承台端部高度：$h=1000\text{mm}$；纵筋合力重心到底边的距离：$a_s=70\text{mm}$；平均埋深：$h_m=0.60\text{m}$；矩形柱宽：$B_c=600\text{mm}$；矩形柱高：$H_c=600\text{mm}$；方桩边长：$L_s=400\text{mm}$。

(3)荷载设计值(作用在承台顶部)

竖向荷载：$F=7530.00(\text{kN})$

绕 x 轴弯矩：$M_x=200.00(\text{kN}\cdot\text{m})$

绕 y 轴弯矩：$M_y=200.00\text{kN}\cdot\text{m}$

x 向剪力：$V_x=0.00(\text{kN})$

y 向剪力：$V_y=0.00\text{kN}$

(4)作用在承台底部的弯矩

绕 x 轴弯矩：$M_{0x}=M_x-V_y\times H=200.00-0.00\times1.00=200.00(\text{kN}\cdot\text{m})$

绕 y 轴弯矩：$M_{0y}=M_y+V_x\times H=200.00+0.00\times1.00=200.00(\text{kN}\cdot\text{m})$

(5)材料信息

混凝土强度等级：C30，$f_c=14.30\text{N/mm}^2$，$f_t=1.43\text{N/mm}^2$；钢筋强度等级：HRB335，$f_y=300.00\text{N/mm}^2$

2.承台计算

(1)基桩净反力设计值

计算公式：

$$N_i = F/n \pm M_{0x} \times y_i / \sum(y_j \times y_j) \pm M_{0y} \times x_i / \sum(x_j \times x_j)$$

$$N_1 = F/n - M_{0x} \times y_1 / \sum(y_j \times y_j) + M_{0y} \times x_1 / \sum(x_j \times x_j)$$
$$= 7530.00/5 - 200.00 \times 0.85/2.88 + 200.00 \times (-0.85)/2.88$$
$$= 1388.21(\text{kN})$$

$$N_2 = F/n - M_{0x} \times y_2 / \sum y_j \times y_j + M_{0y} \times x_2 / \sum x_j \times x_j$$
$$= 7530.00/5 - 200.00 \times 0.85/2.88 + 200.00 \times 0.85/2.88$$
$$= 1506.00(\text{kN})$$

$$N_3 = F/n - M_{0x} \times y_3 / \sum(y_j \times y_j) + M_{0y} \times x_3 / \sum(x_j \times x_j)$$
$$= 7530.00/5 - 200.00 \times 0.00/2.88 + 200.00 \times 0.00/2.88$$
$$= 1506.00(\text{kN})$$

$$N_4 = F/n - M_{0x} \times y_4 / \sum(y_j \times y_j) + M_{0y} \times x_4 / \sum(x_j \times x_j)$$
$$= 7530.00/5 - 200.00 \times (-0.85)/2.88 + 200.00 \times (-0.85)/2.88$$
$$= 1506.00(\text{kN})$$

$$N_5 = F/n - M_{0x} \times y_5 / \sum(y_j \times y_j) + M_{0y} \times x_5 / \sum(x_j \times x_j)$$
$$= 7530.00/5 - 200.00 \times (-0.85)/2.88 + 200.00 \times 0.85/2.88$$
$$= 1623.79(\text{kN})$$

(2)承台受柱冲切验算

计算公式：

$$F_1 \leqslant 2 \times [\beta_{0x} \times (b_c + a_{0y}) + \beta_{0y} \times (h_c + a_{0x})] \times \beta_{hp} \times f_t \times h_0$$

x 方向上自柱边到最近桩边的水平距离：

$$a_{0x} = 0.35\text{m}$$

y 方向上自柱边到最近桩边的水平距离：

$$a_{0y} = 0.35\text{m}$$

作用于冲切破坏锥体上的冲切力设计值：

$$F_1 = F - \sum Q_i = 7530.00 - 1506.00 = 6024.00(\text{kN})$$

x 方向冲垮比：

$$\lambda_{0x} = a_{0x}/h_0 = 0.35/0.93 = 0.38$$

y 方向冲垮比：

$$\lambda_{0y} = a_{0y}/h_0 = 0.35/0.93 = 0.38$$

x 方向冲切系数：

$$\beta_{0x} = 0.84/(\lambda_{0x} + 0.2) = 0.84/(0.38 + 0.2) = 1.46$$

y 方向冲切系数：

$$\beta_{0y}=0.84/(\lambda_{0y}+0.2)=0.84/(0.38+0.2)=1.46$$

$$\begin{aligned}&2\times(\beta_{0x}\times(h_c+a_{0y})+\beta_{0y}\times(b_c+a_{0x}))\times\beta_{hp}\times f_t\times h_0\\&=2\times(1.46\times(0.60+0.35)+1.46\times(0.60+0.35))\times0.98\times1430.00\times0.93\\&=7248.60(\text{kN})>F_1=6024.00\text{kN}\end{aligned}$$

满足要求。

(3)承台受剪验算

计算公式：

$$F_1\leqslant\beta_{hs}\times\beta\times f_t\times b_0\times h_0$$

①垂直 y 方向截面的抗剪计算

y 方向上自柱边到计算一排桩的桩边的水平距离：

$$a_0=0.35\text{m}$$

斜截面上最大剪力设计值：

$$V_1=3129.79\text{kN}$$

计算截面的剪跨比：

$$\lambda=a_0/h_0=0.35/0.93=0.38$$

剪切系数：

$$\beta=1.75/(\lambda+1.0)=1.75/(0.38+1.0)=1.27$$

承台计算截面的计算宽度：

$$\begin{aligned}b_e&=b\times\{1.0-0.5\times(h-h_e)/h_0\times[1.0-(b_c+2\times50.0)/b]\}\\&=2.50\times\{1.0-0.5(1.00-1.00)/0.93\times[1.0-(0.60+2\times50.0)/2.50]\}\\&=2.50(\text{m})\end{aligned}$$

$$\begin{aligned}\beta_{hs}&=\beta\times f_t\times b_e\times h_0\\&=0.96\times1.27\times1430.00\times2.50\times0.93\\&=4071.12(\text{kN})>V_1=3129.79\text{kN}\end{aligned}$$

满足要求。

②垂直 x 方向截面的抗剪计算

x 方向上自柱边到计算一排桩的桩边的水平距离：

$$a_0=0.35(\text{m})$$

斜截面上最大剪力设计值：

$$V_1=3129.79(\text{kN})$$

计算截面的剪跨比：

$$\lambda=a_0/h_0=0.35/0.93=0.38$$

剪切系数：

$$\beta=1.75/(\lambda+1.0)=1.75/(0.38+1.0)=1.27$$

承台计算截面的计算宽度：

$$b_e=b\times\{1.0-0.5\times(h-h_e)/h_0\times[1.0-(b_c+2\times50.0)/b]\}$$
$$=2.50\times\{1.0-0.5\times(1.00-1.00)/0.93\times1.0-[(0.60+2\times50.0)/2.50]\}$$
$$=2.50(\text{m})$$

$$\beta_{hs}=\beta\times f_t\times b_e\times h_0$$
$$=0.96\times1.27\times1430.00\times2.50\times0.93$$
$$=4071.12(\text{kN})>V_1=3129.79\text{kN}$$

满足要求。

(4)承台角桩冲切验算

计算公式：

$$N_1\leqslant[\beta_{1x}\times(c_2+a_{1y}/2)+\beta_{1y}\times(c_1+a_{1x}/2)]\times\beta_{hp}\times f_t\times h_0$$

角桩竖向冲反力设计值：

$$N_1=1623.79\text{kN}$$

从角桩内边缘至承台外边缘的距离：

$$c_1=C+l_s/2=0.40+0.40/2=0.60(\text{m})$$

从角桩内边缘至承台外边缘的距离：

$$c_2=C+l_s/2=0.40+0.40/2=0.60(\text{m})$$

x 方向上从承台角桩内边缘引 45°冲切线与承台顶面相交点至角桩内边缘的水平距离(当柱或承台变阶处位于该 45°线以内时，则取由柱边或变阶处与桩内边缘连线为冲切锥体的锥线)：

$$a_{1x}=0.35\text{m}$$

y 方向上从承台角桩内边缘引 45°冲切线与承台顶面相交点至角桩内边缘的水平距离(当柱或承台变阶处位于该 45°线以内时，则取由柱边或变阶处与桩内边缘连线为冲切锥体的锥线)：

$$a_{1y}=0.35\text{m}$$

x 方向角桩冲垮比：

$$\lambda_{1x}=a_{1x}/h_0=0.35/0.93=0.38$$

y 方向角桩冲垮比：

$$\lambda_{1y}=a_{1y}/h_0=0.35/0.93=0.38$$

x 方向角桩冲切系数：

$$\beta_{1x}=0.56/(\lambda_{1x}+0.2)=0.56/(0.38+0.2)=0.97$$

y 方向角桩冲切系数：

$$\beta_{1y}=0.56/(\lambda_{1y}+0.2)=0.56/(0.38+0.2)=0.97$$

$(\beta_{1x}\times(c_2+a_{1y}/2)+\beta_{1y}\times(c_1+a_{1x}/2))\times\beta_{hp}\times f_t\times h_0$

$=(0.97\times(0.60+0.35/2)+0.97\times(0.60+0.35/2))\times0.98\times1430.00\times0.93$

$=1971.92(\text{kN})>N_1=1623.79\text{kN}$

满足要求。

(5)承台受弯计算

计算公式：

$$M_x=\sum N_i\times y_i$$

计算公式：

$$M_y=\sum N_i\times x_i$$

①垂直 x 轴方向计算截面处弯矩计算：

$$M_y=\sum N_i\times x_i=1653.59(\text{kN}\cdot\text{m})$$

相对受压区高度：$\zeta=0.05$　　配筋率：$\rho=0.0024$

x 向钢筋：$Asx=6089.88\text{mm}^2$

②垂直 y 轴方向计算截面处弯矩计算：

$$M_x=\sum N_i\times y_i=1653.59(\text{kN}\cdot\text{m})$$

相对受压区高度：$\zeta=0.05$　　配筋率：$\rho=0.0024$

x 向钢筋：$Asy=6089.88\text{mm}^2$

(6)承台受压验算

计算公式：

$$F_1\leqslant1.35\times\beta_c\times\beta_1\times f_c\times A_{ln}$$

局部荷载设计值：$F_1=F_c=7530.00\text{kN}$

混凝土局部受压面积：$A_1=b_c\times h_c=0.60\times0.60=0.36(\text{m}^2)$

混凝土局部受压计算面积：$A_b=3.24\text{m}^2$

混凝土受压时强度提高系数：$\beta_1=\sqrt{A_b/A_1}=\sqrt{3.24/0.36}=3.00$

$$1.35\times\beta_c\times\beta_1\times f_c\times A_1$$
$$=1.35\times1.00\times3.00\times14300.00\times0.36$$
$$=20849.40(\text{kN})>F_1=7530.00\text{kN}$$

满足要求。

3.配筋结果

(1)x 方向钢筋选筋结果

计算面积 $A_s=6089.88\text{mm}^2$

采用方案：ϕ20@120

实配面积：6597.34mm^2

(2)y 方向钢筋选筋结果

计算面积 $A_s = 6089.88mm^2$

采用方案：$\phi20@120$

实配面积：$6597.34mm^2$

5.4 钢板桩施工计算

5.4.1 工程概况

某框架大桥，中心里程为 DK242＋138.213，全桥长 273.44m。该桥位于某火车站内，为车站内的跨河桥，桥址处为河网地区，河流蜿蜒曲折，相互交错，水流平缓。水深在 3.5m 以内为内涝河流，通航等级需满足 9 级航道要求，岸上均为菜地，通航水位 2.62m，通航净高 3m，百年水位 5.57m。

水文地质情况

本桥为第四系孔隙潜水，发育，埋深 0.5～1.0m。岩石层基本承载力如下：

(1)黏土(Q_4^{al-m})：灰黄色，软塑。$\sigma_0 = 100kPa$。

(2)淤泥(Q_4^{m})：灰色，流塑。$\sigma_0 = 30kPa$。

(2)－1 黏土(Q_4^{m})：灰黄色，灰色，硬塑。$\sigma_0 = 180kPa$。

(3)淤泥质黏土(Q_4^{m})：灰色，软塑。$\sigma_0 = 70kPa$。

(4)砾砂(Q_3^{al-pl})：浅灰色，灰白色，饱和，稍密～中密。$\sigma_0 = 250kPa$。

(5)黏土(Q_3^{m-1})：青灰色～灰色，软塑。$\sigma_0 = 120kPa$。

(5)－1 砾砂(Q_3^{al-pl})：浅灰色，灰白色，饱和，稍密～中密。$\sigma_0 = 250kPa$。

(6)砾砂(Q_3^{al-pl})：浅红色，灰白色，饱和，稍密～中密。$\sigma_0 = 250kPa$。

(6)－1 黏土(Q_3^{al-l})：青灰色，灰白色，软塑。$\sigma_0 = 150kPa$。

(7)粉质黏土夹碎石(Q_3^{al-pl})：灰黄色，硬塑。$\sigma_0 = 200kPa$。

(8)－1 凝灰质砂岩(Klg)：全风化。$\sigma_0 = 250kPa$。

(8)－2 凝灰质砂岩(Klg)：强风化。$\sigma_0 = 400kPa$。

(8)－3 凝灰质砂岩(Klg)：弱风化。$\sigma_0 = 800kPa$。

5.4.2 钢板桩的打设

1. 打桩围檩支架(导向架)的设置

为了保证钢板桩沉桩的垂直度及施打板桩墙墙面的平整度，在钢板桩打入时应设置打桩围檩支架，围檩支架由围檩及围檩桩组成。根据现场情况和某大桥的设计地质资料及钢板桩打设要求，沿高度上布置单层围檩。围檩支架采用 H 型钢或槽钢，围檩的入土深度取 8m，间距为 3m，围檩与围檩桩之间用连接板焊接。

2. 打桩流水段的划分

打桩流水段的划分与桩的封闭合拢有关。某大桥钢板桩的流水段划分为两段，从岸边开始打设，向中间合拢，采取先边后角打设方法，可保证端面相对距离，不影响墙内围檩支撑的安装精度，对于打桩积累偏差可在转角外作轴线修正。

5.4.3 钢板桩的拔除

1. 拔桩阻力的计算

拔桩阻力 F 包括钢板桩与土的吸附力 F_E 及上一段钢板桩与土的侧面阻力 F_S：

$$F=F_E+F_S$$

式中：F_E——钢板桩与土的吸附力，$F_E=U\times L\times \tau$；

U——钢板桩的周长；

L——钢板桩的长度；

τ——钢板桩与各土层吸附力按土层厚度的加权平均值，采用静力拔桩取静吸附力 $50kN/m^2$；

F_s——钢板桩与土的侧面阻力，$F_s=1.2\times e_a\times B\times h\times \mu$；

e_a——作用在钢板桩上的主动土压力强度，按 h 范围内的土层厚度的加权平均值，kN/m^2；

B——钢板桩的宽度；

h——钢板桩桩顶至坑底的长度；

μ——钢板桩与土的摩阻力系数，取 0.35～0.4。

2. 拔桩要点

拔桩时，先用振动锤将板桩锁口振活以减小土的阻力，然后边振边拔；卷扬机应随振动锤的启动而逐渐加荷；供振动锤使用的电源因为振动锤本身电动机额定功率的 1.2～2.0 倍；对引拔阻力较大的钢板桩，采用间歇振动的方法，每次振动 15min，振动锤连续工作不超过 1.5h。

5.4.4 钢板桩围堰的计算

1. 计算取值

根据设计图纸淤泥厚度为 $H_1=15m$，水深为 $H_2=3.5m$，淤泥力学参数根据含水量情况取值，取摩擦角 $\varphi=20°$，饱和重度 $\gamma=16.5kN/m^3$，钢板桩采用单拉锚支护，河床底按承受 $35kN/m^2$ 均匀静荷载，钢板桩的被动土压力修正系数取 $K=1.6$，基坑深度为 $H_3=2.26m$，详细尺寸图如图 5-12。

2. 计算作用于板桩上的静水压力和土压力强度，并绘出压力分布图

静水压力：$q=\rho g H_2=1\times 10\times 3.5=35(kN/m^2)$

被动土压力系数：$K_p = \tan^2(45° + 20°/2) = 2.04$

主动土压力系数：$K_a = \tan^2(45° - 20°/2) = 0.49$

主动土压力：$P_o = K_a \times q + K_a \times \gamma \times H_3$

$$= 0.49 \times 35 + 0.49 \times 16.5 \times 2.26$$

$$= 35.5 (\text{kN/m}^2)$$

3. 计算板桩墙上土压力强度等于零的点

离挖土面的距离 y，在 y 处板桩墙前的被动土压力等于板桩墙后的主动土压力和静水压力。

$$\gamma \times K \times K_p \times y = P_o + q + \gamma \times K_a \times y$$

$$y = (P_o + q)/[\gamma \times (K \times K_p - K_a)]$$

$$= (35.5 + 35)/[16.5 \times (1.6 \times 2.04 - 0.49)]$$

$$= 1.54 (\text{m})$$

4. 按照简支梁计算等值梁的两支点反力（R_a 和 P）

$$\sum M_c = 0$$

$P \times (y + H_3 + H_2) = 1/2 \times K_a \times \gamma \times H_3 \times (2/3 \times H_3 + H_2) + H_2 \times K_a \times q \times (H_2/2 + H_3) + P_o \times y \times (H_3 + H_2 + y/3) + 1/2 \times q \times H_3 + H_2 \times 2/3 \times H_2$

$P = [1/2 \times 0.49 \times 16.5 \times (2/3 \times 2.26 + 3.5) + 2.26 \times 0.49 \times 35 \times (2.26/2 + 3.5) + 35.5 \times 1.54 \times (2.26 + 3.5 + 1.54/3) + 1/2 \times 35 \times 3.5 \times 2/3 \times 3.5]/(1.54 + 3.5 + 2.26) = 93.9 (\text{kN/m})$

$$\sum Q = 0$$

$$R_a + P = 1/2 \times K_a \times \gamma \times H_3 + K_a \times q \times H_3 + P_o \times y + 1/2 \times q \times H_2$$

$$= 1/2 \times 0.49 \times 16.5 \times 2.26 + 0.49 \times 35 \times 2.26 + 35.5 \times 1.54 + 1/2 \times 35 \times 3.5 - 93.9$$

$$= 69.9 (\text{kN/m})$$

5. 计算板桩最小入土深度

根据 P_o 和墙前被动土压力对板桩底端的力矩相等，得

$$P_o = \gamma \times (K_p - K_a) \times x^2/6$$

所以

$$x = \sqrt{\frac{6 \times P_0}{\gamma \times (K \times K_p - K_a)}} = \sqrt{\frac{6 \times 35.5}{16.5 \times (1.6 \times 2.04 - 0.49)}} = 4.65 (\text{m})$$

$$t_0 = y + x = 1.54 + 4.65 = 6.19 (\text{m})$$

$$t = 1.2 t_0 = 1.2 \times 6.19 = 7.43 (\text{m})$$

板桩总长 $L = 7.43 + 2.26 + 3.5 = 13.19 (\text{m})$，取 15m。

6. 选择钢板桩截面

先求钢板桩所承受最大弯矩 M_{max}，最大弯矩处即为剪力等于零处，设剪力等于零处距板桩顶为$(x+3.5)$m，则：

$$R_a - 1/2 \times (x-3.5)^2 \times \gamma \times K_a - q \times K_a \times (x-3.5) - 1/2 \times q \times H_2 = 0$$

即 $69.9 - 1/2 \times (x-3.5)^2 \times 16.5 \times 0.49 - 35 \times 0.49 \times (x-3.5) - 1/2 \times 35 \times 3.5 = 0$

所以 $x = 2.33$

$$M_{max} = R_a \times x - \gamma \times x^2 \times K_a \times \frac{x}{3} - \frac{x^2}{2} \times q \times K_a - \frac{1}{2} \times q \times H_2 \times \frac{2}{3} \times H_2$$

$$= 69.9 \times 2.33 - 1/2 \times 16.5 \times 2.33^2 \times 0.49 \times 2.33/3 - 2.33^2/2 \times 35 \times 0.49$$

$$= 99.269(\text{kN} \cdot \text{m})$$

钢板桩截面矩 $W > 2 \times M_{max} 0.74/[f] = 2 \times 99.296 \times 10^3 \times 0.74/100 = 1470\text{cm}^3$

所以选择拉森Ⅲ型钢板桩，技术规格：截面积$=198\text{cm}^2$，每延长米质量$=60$kg，每延长米截面矩$=1600\text{cm}^2$。

7. 主要工程数量

钢板桩：396.607t

草袋围堰：1102.7m^3

8. 受力示意图如图 5-9～图 5-15 所示。

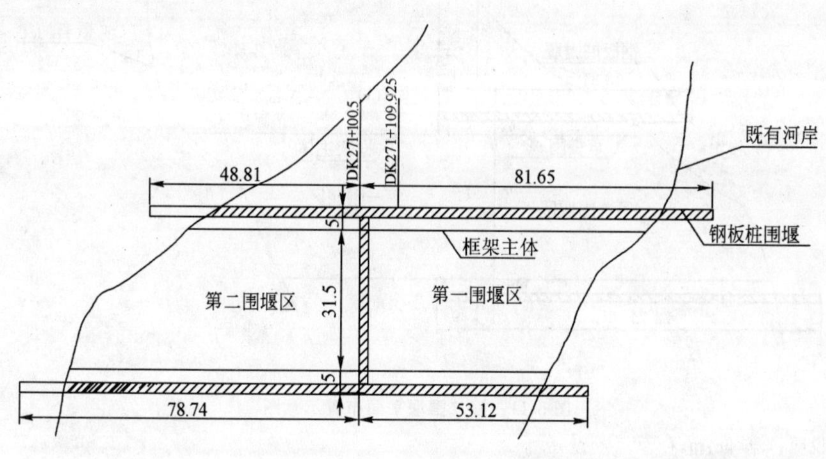

图 5-9 围堰平面布置示意图

说明：1. 单位：m。

2. 第一围堰区钢板桩总长 176.27，第二围堰区钢板桩总长 157.55。

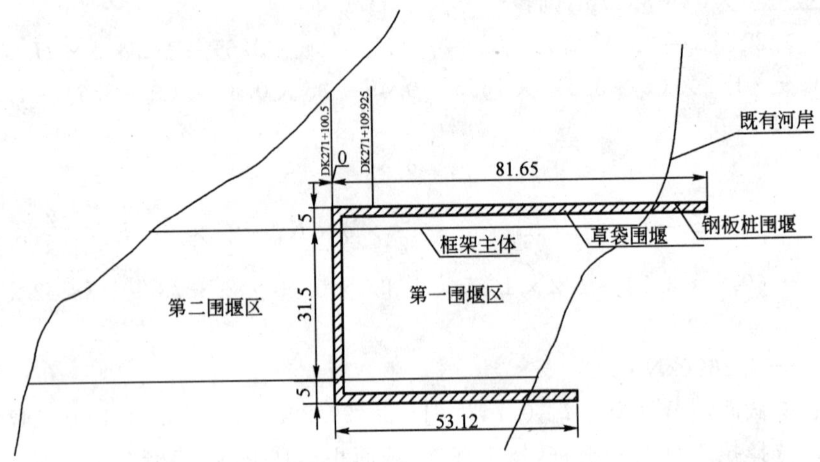

图 5-10 第一围堰平面布置示意图

说明：1. 单位：m。

2. 第一围堰区钢板桩总长 176.27。

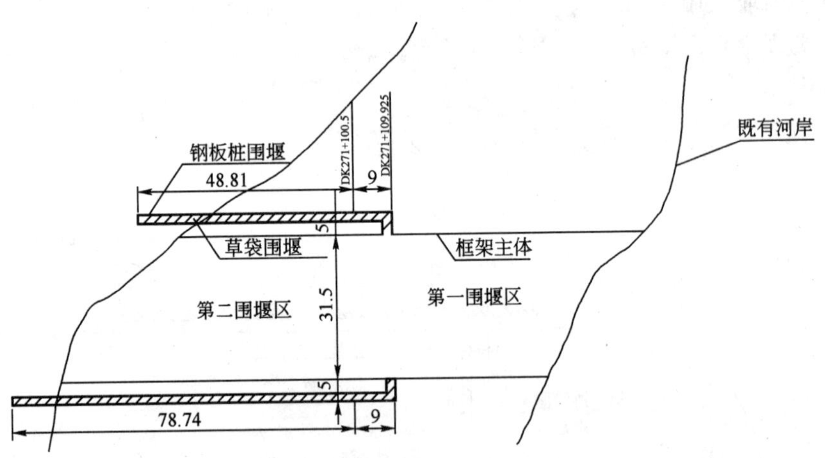

图 5-11 第二围堰平面布置示意图

说明：1. 单位：m。

2. 第二围堰区钢板桩总长 157.55。

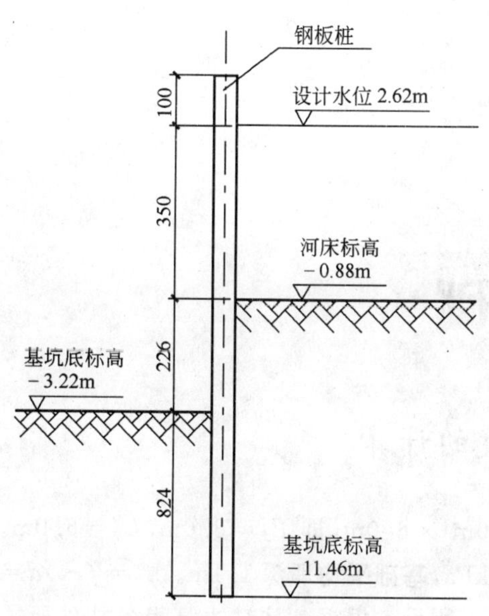

图 5-12　钢板桩计算取值尺寸简图

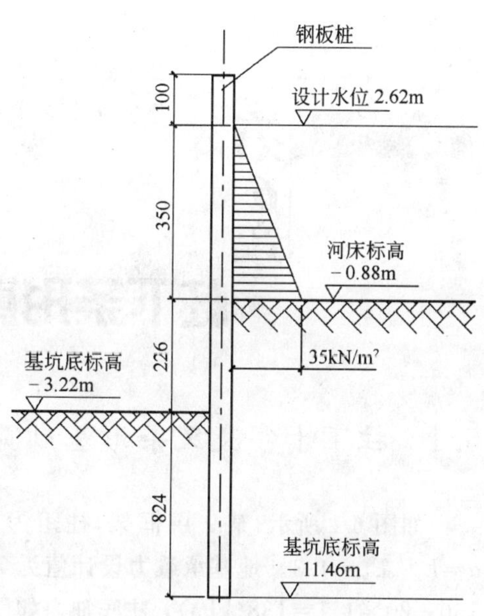

图 5-13　钢板桩水压力简图

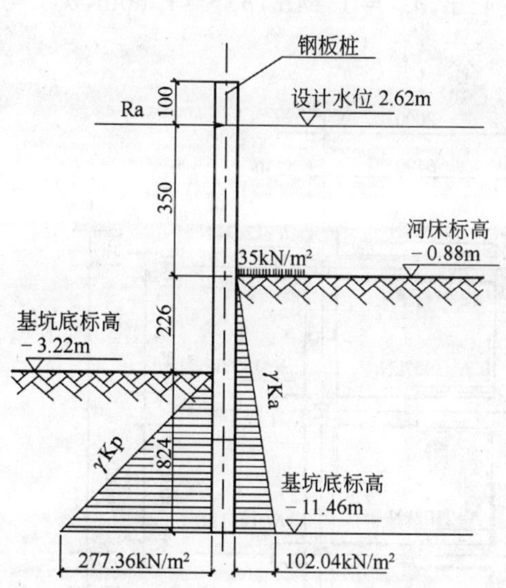

图 5-14　钢板桩土压力分布简图

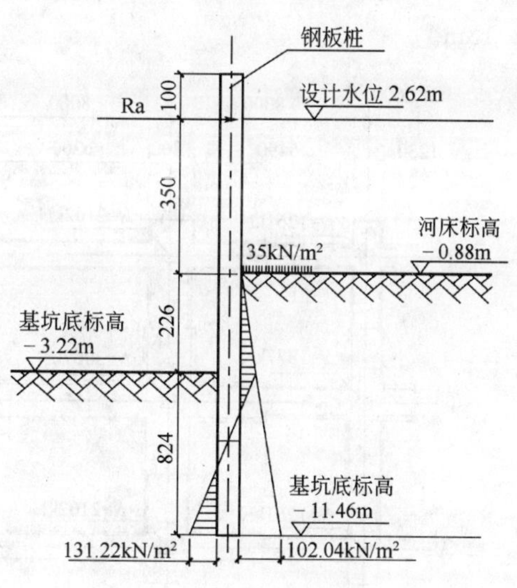

图 5-15　钢板桩叠加后土压力分布简图

第6章 柱下条形基础

6.1 柱下十字交叉条形基础宽度的计算

如图 6-1 所示，某 9 层框架，柱距为 8.0m ×6.0m，即 $L_x = 8.0\text{m}$，$L_y = 6.0\text{m}$。$\alpha = L_x / L_y = 4/3$。地基承载力设计值为 160kPa，基础平均埋深 1.1m。$f_0 = f - \gamma d = 160 - 20 \times 1.1 = 138(\text{kPa})$，柱底轴力如图 6-1 所示。根据各柱轴力算得各柱处所需基底面积如下：$A_{11} = 9.14\text{m}^2$，$A_{12} = 13.67\ \text{m}^2$，$A_{22} = 22.22\ \text{m}^2$。根据前式算得 $b_{y11} = 0.84\ \text{m}^2$，$b_{y11} = 1.12\text{m}$，$b_{y12} = 1.09\text{m}$，$b_{x12} = 1.45\text{m}$，$b_{y21} = 1.64\text{m}$，$b_{y22} = 1.60\text{m}$，$b_{y22} = 2.13\text{m}$。

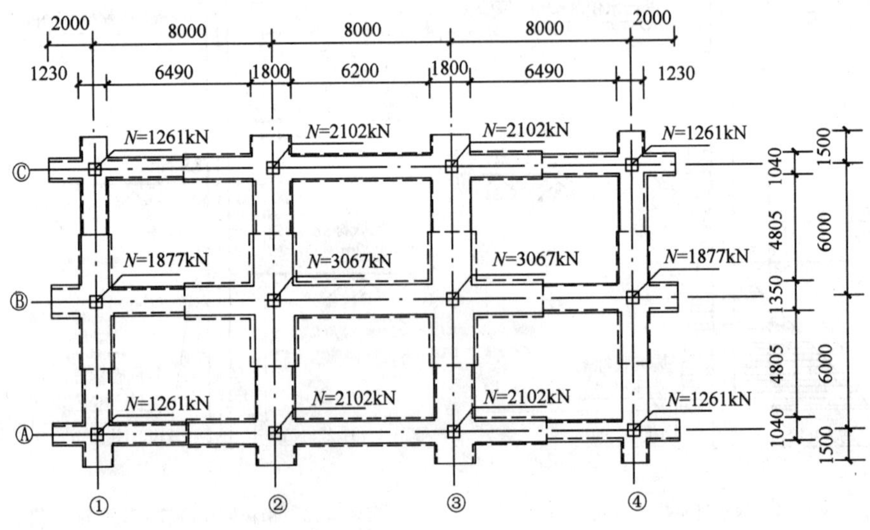

图 6-1 基础平面图

所求得各节点处条基宽度如图中虚线所示。

根据式

$$b_{yj}=\frac{\sum_{i=1}^{m} b_{yij}}{m}(j=1,2,\cdots n)$$

求得 y 方向各轴条基平均宽度如下：

A 轴 $b_{y1}=(b_{y11}+b_{y21}+b_{y31}+b_{y41})/4=1.04\text{m}$

B 轴 $b_{y2}=(b_{y12}+b_{y22}+b_{y32}+b_{y42})/4=1.35\text{m}$

C 轴 $b_{y3}=b_{y1}=1.04\text{m}$

根据式

$$b_{xi}=\frac{\sum_{j=1}^{n} b_{xij}}{n}(i=1,2,\cdots m)$$

求得 x 方向各轴条基平均宽度如下：

①轴 $b_{x1}=(b_{x11}+b_{x12}+b_{x13})/3=1.23\text{m}$

②轴 $b_{x2}=(b_{x21}+b_{x22}+b_{x23})/3=1.80\text{m}$

③轴 $b_{x3}=b_{y2}=1.80\text{m}$

④轴 $b_{x4}=b_{x1}=1.23\text{m}$

所求各轴条基宽度如图中实线所示，基底总面积为 162 m²。根据柱底总轴力 $\sum F_{ij}=23340\text{kN}$，求得所需基础总面积为 169.1 m²，根据以上方法所求值与实际所需面积误差为 1.7%。

上述计算方法可以在未对柱轴力进行两方向分配的情况下计算出两方向的条形基础宽度，计算结果比较准确，不需进行反复试算，所得结果能很好地符合柱轴力分配的实际情况，可用于一般多层框架结构的基础计算。

6.2 柱下条型及独立基础计算

6.2.1 工程概况

某市拟建高层综合酒店，总建筑面积 14000m²。主体结构 11 层，其中地下 1 层，地上 10 层。1～2 层是沿街餐厅、商场，层高 4.5m，主要用于商业经营；3～10 层层高为 3.6m，主要是以涉外办公为主的旅馆、办公室，房屋总高 37.8m。结构形式采用全现浇框架结构。结构设防烈度为 8 度，抗震等级为 3 级。基础采用肋梁式筏板基础，基础埋深 5.2m。

本地区夏季平均气温25℃，冬季平均气温零下2℃，月平均相对湿度47%～53%，年平均降水量820mm。降水主要集中在6、7、8三个月。地区的主导风向为冬季西北风，夏季西南风。

本工程建筑功能为公共建筑，使用年限为50年；建筑平面的横轴轴距为7.2m，纵轴轴距为7.8m和3.0m；耐火等级为一级。内、外墙体材料为陶粒混凝土空心砌块和玻璃幕墙，外墙装修使用仿石材外墙涂料，内墙装修喷涂乳胶漆，室内地面房间铺贴大理石地砖，室内顶棚主要采用石棉吸音板，门窗采用塑钢窗和装饰木门。全楼设电梯四部和楼梯两部。

6.2.2 确定基础冻深、验算基础埋深

持力层位于黏性土上，$\phi_{zs}=1.0$；此土层内$W=24.475$，$W_p=18.175$，$W_p+5<W<W_p+9$，$h_w>2.0$，所以此土为冻胀土，$\phi_{zw}=0.90$；取$\phi_{ze}=0.95$。

对柱A　$P_{1K}=0.9\times190.5=171.45(\text{kPa})$

对柱B　$P_{2K}=0.9\times190.08=171.97(\text{kPa})$

对柱C　$P_{3K}=0.9\times199.1=179.21(\text{kPa})$

这三类中，查表计算结果中有三个不同的h_{max}值，取较大值计算的最小基础埋深$h_{max}=0.76\text{m}$。所以

$$Z_d=Z_0\cdot\phi_{zs}\cdot\phi_{zw}\cdot\phi_{ze}=2\times1.0\times0.9\times0.9=1.71(\text{m})$$

$$d_{min}=Z_d-h_{max}=1.71-0.76=0.95(\text{m})<1.2\text{m}$$

所以所选的基础埋深合适，基础冻深为1.71m。

6.2.3 求各层的基底尺寸

选持力层为黄褐色黏性土，初选基础埋深为1.2m。

1.求地基承载力特征值

黏性土：$e=0.777$　$I_L=0.445$

查表得：$\mu_b=0.3$　$\mu_d=1.6$

$f_a=f_{ak}+\mu_d\gamma_m(d-0.5)=210+1.6\times17\times(1.2-0.5)=229.04(\text{kN/m}^2)$（不考虑对基础宽度$b$的修正）

2.求各桩的基底尺寸

(1)柱A

$$F=2050\text{kN},M=30.5\times10^4(\text{N}\cdot\text{m})$$

竖向荷载标准值$F_k-F/1.35-2050/1.35-1518.52(\text{kN})$

$$A_{01}=F_k/f_a-\gamma_a\cdot d=1518.5/229.04-20\times1.2=7.41(\text{m}^2)$$

由于存在偏心矩，基底按增大20%考虑：

$A_1=1.2A_{01}=8.89\text{m}^2$，初选基底尺寸 $A_1=3.8\text{m}\times2.4\text{m}=9.12\text{m}^2\approx8.89\text{m}^2$

对柱截面 $n=l/b=600/400=1.5$

$b=2.43\text{m}<3\text{m}$，不需要宽度修正。

$$G_K=\gamma_a\cdot d\cdot A_1=20\times1.2\times9.12=218.88(\text{kN})$$

$$M_K=M/1.35=305/1.35=225.93(\text{kN}\cdot\text{m})$$

$$e_K=\frac{M_K}{F_K+G_K}=\frac{225.9}{1518.5+218.88}=0.13(\text{m})<l/6=0.63\text{m}$$

$$\overline{P}_K=\frac{F_K+G_K}{A_1}=\frac{1518.5+218.88}{9.12}=190.5(\text{kPa})<f_a=229.04\text{kPa}$$

$$P_{k\max}=\frac{F_K+G_K}{A_1}(1+6e_k/l)=190.5\times(1+6\times0.13/3.8)$$

$$=229.6(\text{kPa})<1.2f_a=274.85\text{kPa}$$

满足要求。

(2)柱 B

$$F=2400\text{kN},M=21\times10^4\text{N}\cdot\text{m}$$

竖向荷载标准值 $F_K=\dfrac{F}{1.35}=1\,777.78\text{kN}$

弯矩标准值 $M_k=\dfrac{M}{1.35}=\dfrac{210}{1.35}=155.56(\text{kN}\cdot\text{m})$

$$A_{02}=\frac{F_k}{f_a-r\cdot d}=\frac{1777.8}{229.04-20\times1.2}=8.67\text{m}^2$$

基底按增大10%考虑：

$A_2=1.1A_2=1.1\times8.68=9.54\text{m}^2$，初选基底尺寸 $A_2-3.8\text{m}\times2.8\text{m}=10.64\text{m}^2\approx$ 9.56 m^2

$b=2.8<3\text{m}$，不需要宽度修正。

$$G_K=r_a\cdot d\cdot A_2=20\times1.2\times10.64=255.36(\text{kN})$$

$$e_k=\frac{M_k}{F_k+G_k}=\frac{155.6}{1777.8+255.36}=0.08(\text{m})<l/6=0.63\text{m}$$

$$\overline{P}_k=\frac{F_k+G_k}{A_2}=\frac{1777.8+255.36}{10.64}=191.08(\text{kPa})<f_a=229.04\text{kPa}$$

满足要求。

$$P_{k\max}=\frac{F_k+G_k}{A_2}(1+6e_k/l)=191.08\times(1+6\times0.08/3.8)$$

$$=215.22(\text{kPa})<1.2f_a=274.85\text{kPa}$$

满足要求。

(3)柱 C

计算柱下条型基础的长度：

将各柱集中荷载移至基础的某一位置，使产生的附加偏心矩与原荷载弯矩相抵消。设此位置距基础中心为 x，则有：

$$1800/1.35[(3.5-x)+(10.5-x)-(3.5+x)-(10.5+x)]+250\times 4=0$$

解得 $$x=0.19\text{m}$$

所以，基础右边加长 0.1875×2=0.38(m)才使荷载全部集中在中心且基础两边各放出 7/4=1.75m，取 2m。

基础总长：$l=3\times 7+2\times 2+0.38=25.38(\text{m})$

基础两端放出：$L/4=7/4=1.75(\text{m})\approx 2.0\text{m}$

基础底宽度(综合荷载分项系数取 1.35)：

$$b_0\geqslant\frac{\sum F/1.35}{l(f_a-20d)}=\frac{1800\times 4}{25.38\times(229.04-20\times 1.2\times 1.35)}$$

$$=1.2(\text{m})<3\text{m}，不需宽度修正。$$

$$F_K=\frac{F}{1.35}=1333.3\text{kN}$$

$$M_K=\frac{M}{1.35}=\frac{250}{1.35}=185.19(\text{kN}\cdot\text{m})$$

$$G_K=20\times 1.2\times 1.2\times(7\times 3+2\times 2+0.38)=730.94(\text{kN})$$

$$e_k=\frac{M_K\cdot 4}{4F_K+G_K}=\frac{4\times 185.2}{4\times 1333.3+730.9}=0.12(\text{m})$$

$$\overline{P}_K=\frac{4F_K+G_K}{A}\frac{4\times 1333.3+730.9}{1.2\times(7\times 3+2\times 2+0.38)}=199.12(\text{kPa})<f_a=229.04\text{kPa}$$

满足要求。

$$P_{k\max}=\frac{4F_K+G_K}{A}(1+6e_k/1)=199.1\times(1+6\times 0.12/25.38)$$

$$=204.77(\text{kPa})<1.2f_a=274.85\text{kPa}$$

满足要求。

3. 软弱下卧层验算

软弱下卧层顶面的自重应力：$P_{cz}=17\times 1.2+19.175\times 5=115.78(\text{kPa})$

软弱下卧层顶面以上土的加权平均重度：$\gamma_m=\dfrac{115.78}{6.2}=18.67(\text{kN/m}^3)$

淤泥质黏土 $f_{ax}=95\text{kPa}$，查表 $\eta_d=1.0$

A 柱 $P_{Z1}=\dfrac{lb(P_{K1}-\gamma_m\cdot d)}{(1+2z\cdot\tan23^\circ)(b+2z\cdot\tan23^\circ)}$

$$=\frac{3.8\times2.4(190.5-17\times1.2)}{(3.8+2\times5\cdot\tan23^\circ)(2.4+2\times5\cdot\tan23^\circ)}=29.02(\text{kPa})$$

B 柱 $P_{Z2}=\dfrac{3.8\times2.4(191.08-17\times1.2)}{(3.8+2\times5\cdot\tan23^\circ)(2.8+2\times5\cdot\tan23^\circ)}=32.04(\text{kPa})$

C 柱 $P_{Z3}=\dfrac{b(P_{K1}-\gamma_m\cdot d)}{(b+2z\cdot\tan23^\circ)}=\dfrac{1.2(199.1-17\times1.2)}{(1.2+2\times5\cdot\tan23^\circ)}=39.39(\text{kPa})$

对 A、B 柱 $P_{Z2}+P_{cz}=32.04+115.78=147.82(\text{kPa})<f_{ax}=201.42\text{kPa}$，满足。

对 C 柱 $P_{Z3}+P_{cz}=39.38+115.78=155.17(\text{kPa})<f_{ax}=201.42\text{kPa}$，满足。

4. 设计柱 A、B

(1)柱 A 选阶梯形基础，基本构造要求如下：基础垫层 100mm 厚 C10 素混凝土，两边各伸出 100mm，一阶 450mm 高，二阶 350mm 高，基本构造如图 6-2。

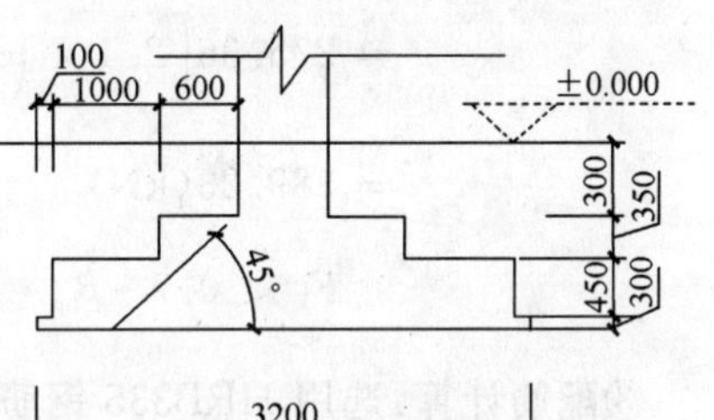

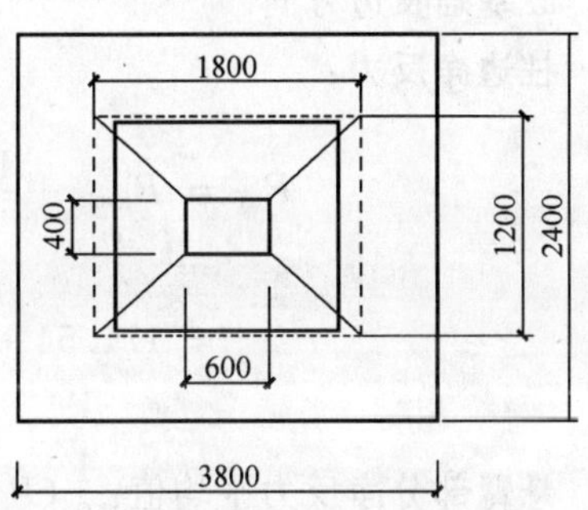

图 6-2 阶梯基础构造图(尺寸单位：mm)

①柱边基础抗冲切验算

采用 C20 混凝土，钢筋保护层为 50mm，

$a_t+2h_0=0.4+2\times0.75=1.9(\text{m})<2.6\text{m}$

取 $a_b=1.9\text{m}$

$$\therefore a_m=\frac{a_t+a_b}{2}=\frac{400+1900}{2}=1150\text{mm}$$

所以抗冲切力

$$0.7\cdot\beta_{up}\cdot f_t\cdot a_m\cdot h_0=0.7\times1.0\times1.1\times10^3\times1.15\times0.75=664.13(\text{kN})$$

计算基底净反力：

偏心矩：$e_{n0}=\dfrac{M}{F}=\dfrac{305}{2050}=0.15(\text{m})<L/6$

基础边缘处的最大和最小反力：

$$P_{n\min}^{n\max}=\frac{F}{Lb}\left(1\pm\frac{6e_{no}}{L}\right)=\frac{2050}{3.8\times2.4}\left(1\pm\frac{6\times0.15}{3.8}\right)=\begin{matrix}278.02\\171.54\end{matrix}\text{kPa}$$

冲切力：

$$F_1=P_{n\max}\left[b\cdot\left(\frac{L}{2}-\frac{a_c}{2}-h_0\right)-\left(\frac{b}{2}-\frac{b_c}{2}-h_0\right)^2\right]$$

$$=275.36\times\left[2.4\times\left(\frac{3.8}{2}-\frac{0.6}{2}-0.75\right)-\left(\frac{2.4}{2}-\frac{0.4}{2}-0.75\right)^2\right]$$

$$=549.78(\text{kN})$$

$$F_1 < 0.7 \cdot \beta_{np} \cdot f_t \cdot a_m \cdot h_0 = 664.13\text{kN}，可以。$$

②变阶处抗冲切验算

$$a_t = b_1 = 1200\text{mm} \quad a_1 = 1800\text{mm} \quad h_{01} = 450 - 50 = 400\text{mm}$$

$$a_t + 2h_0 = 1.2 + 2 \times 0.4 = 2.0\text{m} < 2.6\text{m}$$

$$\therefore A_m = (a_t + h_{01}) \times h_{01} = (1.2 + 0.4) \times 0.4 = 0.64\text{m}^2$$

冲切力：

$$F_1 = P_{n\max}\left[b \cdot \left(\frac{L}{2} - \frac{a_c}{2} - h_0\right) - \left(\frac{b}{2} - \frac{b_c}{2} - h_0\right)^2\right]$$

$$= 275.36\left[2.4 \times \left(\frac{3.8}{2} - \frac{0.6}{2} - 0.4\right) - \left(\frac{2.4}{2} - \frac{1.2}{2} - 0.4\right)^2\right]$$

$$= 389.23(\text{kN})$$

$$F_1 < 0.7 \cdot \beta_{np} \cdot f_t \cdot A_m = 492.80\text{kN}，可以。$$

③配筋计算：选用 HRB335 钢筋，$f_y = 300\text{N/mm}^2$

a. 基础长边方向

柱边净反力：

$$P_{nT} = P_{n\min} + \frac{1 + a_c}{21}(P_{n\max} - P_{n\min})$$

$$= 171.54 + \frac{3.8 + 0.6}{2 \times 3.8} \times (278.02 - 171.54) = 233.19\text{kPa}$$

悬臂部分净反力平均值：$\frac{1}{2}(P_{n\max} + P_{n1}) = \frac{1}{2} \times (278.02 + 233.19) = 255.61\text{kPa}$

$$M_T = \frac{1}{24}\left(\frac{P_{n\max} + P_{n1}}{2}\right)\left[(1 - a_c)^2(2b + b_c)\right]$$

$$= \frac{1}{24} \times 255.61 \times \left[(3.8 - 0.6)^2(2 \times 2.4 + 0.4)\right] = 567.11(\text{kN} \cdot \text{m})$$

$$A_{s1} = \frac{M}{0.9 f_y h_0} = \frac{567.11 \times 10^6}{0.9 \times 300 \times 750} = 2800.5(\text{mm}^2)$$

b. 变阶处

$$P_{nv} = P_{n\min} + \frac{1 + a_1}{21}(P_{n\max} - P_{n\min})$$

$$= 171.54 + \frac{3.8 \times 1.8}{2 \times 3.8} \times (278.02 - 171.54) = 250(\text{kPa})$$

$$M_{v} = \frac{1}{24}\left(\frac{P_{n\max}+P_{nv}}{2}\right)[(1-a_{u})^{2}(2b+b_{u})]$$

$$= \frac{1}{24}\times\left(\frac{250+278.02}{2}\right)\times[(3.8\times1.8)^{2}(2\times2.4+1.2)]$$

$$= 264.01(\text{kN}\cdot\text{m})$$

$$A_{sv} = \frac{M}{0.9f_{y}h_{0}} = \frac{264.01\times10^{6}}{0.9\times300\times400} = 2444.54(\text{mm}^{2})$$

c. 基础短边方向不受弯矩作用

基底反力按均布荷载计算：

$$P_{n} = \frac{1}{2}(P_{n\max}+P_{n\min}) = 224.78\text{kPa}$$

$$M_{u} = \frac{1}{24}\left(\frac{P_{n\max}+P_{n\min}}{2}\right)[(b-b_{c})^{2}\times(21+a_{c})]$$

$$= \frac{1}{24}\times224.79[(2.4-0.4)^{2}(2\times3.8+0.6)]$$

$$= 307.21(\text{kN}\cdot\text{m})$$

$$M_{w} = \frac{1}{24}\left(\frac{P_{n\max}+P_{n\min}}{2}\right)[(b-b_{c})^{2}\times(21+a_{c})]$$

$$= \frac{1}{24}\times224.79[(2.4-1.2)^{2}(2\times3.8+1.8)]$$

$$= 126.78(\text{kN}\cdot\text{m})$$

$$A_{su} = \frac{M}{0.9f_{y}h_{0}} = \frac{307.21\times10^{6}}{0.9\times300\times750} = 1517.04(\text{mm}^{2})$$

$$A_{sw} = \frac{M}{0.9f_{y}h_{0}} = \frac{126.78\times10^{6}}{0.9\times300\times400} = 1173.89(\text{mm}^{2})$$

长边配筋：按 A_{st} 配筋 13Φ18@230（3308.5mm^{2}）

交错布筋：长度 12×230+9×2=2778(mm)(−22mm 复边)

短边配筋：按 A_{st} 配筋 15Φ14@250（2308.5mm^{2}）

交错布筋：长度 14×250+7×2=3514(mm)(−286mm 复边)

(2)柱 B 构造要求同柱 A，只是宽度增加到 2.8m

①柱边基础抗冲切验算

采用 C20 混凝土，钢筋保护层为 50mm，$a_{t}+2h_{0}=0.4+2\times0.75=1.9\text{m}<2.8\text{m}$

取

$$a_{b}=1.9\text{m}$$

$$\therefore\quad A_{m} = (a_{t}+h_{0})h_{0} = (0.4+0.75)\times0.75 = 0.8625(\text{m}^{2})$$

所以抗冲切力：

$$0.7\cdot\beta_{up}\cdot f_{t}\cdot A_{m} = 0.7\times1.0\times1.1\times10^{3}\times1.15\times0.8625 = 664.13(\text{kN})$$

计算基底净反力：

偏心矩：
$$e_{n0}=\frac{M}{F}=\frac{210}{2400}=0.09(\mathrm{m})<L/6$$

基础边缘处的最大和最小反力：

$$P_{\mathrm{n\,min}}^{\mathrm{n\,max}}=\frac{F}{Lb}\left(1\pm\frac{6e_{\mathrm{no}}}{L}\right)=\frac{2400}{3.8\times2.4}\left(1\pm\frac{6\times0.09}{3.8}\right)=\frac{275.62}{193.51}\mathrm{kPa}$$

冲切力：

$$F_1=P_{\mathrm{n\,max}}\left[b\cdot\left(\frac{L}{2}-\frac{a_c}{2}-h_0\right)-\left(\frac{b}{2}-\frac{b_c}{2}-h_0\right)^2\right]$$
$$=257.6\times\left[2.4\times\left(\frac{3.8}{2}-\frac{0.6}{2}-0.75\right)-\left(\frac{2.4}{2}-\frac{0.4}{2}-0.75\right)^2\right]$$
$$=560.97(\mathrm{kN})$$

$F_1<0.7\cdot\beta_{np}\cdot f_t\cdot a_m\cdot h_0=664.13\mathrm{kN}$，可以。

②变阶处抗冲切验算

$$a_t=b_1=1400\mathrm{mm}\quad a_1=1800\mathrm{mm}\quad h_{01}=450-50=400\mathrm{mm}$$
$$a_t+2h_0=1.2+2\times0.4=2.0(\mathrm{m})<2.6\mathrm{m}$$
$$\therefore\quad A_m=(a_t+h_{01})\times h_{01}=(1.2+0.4)\times0.4=0.72(\mathrm{m}^2)$$

冲切力：

$$F_1=P_{\mathrm{n\,max}}\left[b\cdot\left(\frac{L}{2}-\frac{a_c}{2}-h_0\right)-\left(\frac{b}{2}-\frac{b_c}{2}-h_0\right)^2\right]$$
$$=257.62\times\left[2.8\times\left(\frac{3.8}{2}-\frac{1.8}{2}-0.4\right)-\left(\frac{2.8}{2}-\frac{1.4}{2}-0.4\right)^2\right]$$
$$=409.62(\mathrm{kN})$$

$F_1<0.7\cdot\beta_{np}\cdot f_t\cdot A_m=554.54\mathrm{kN}$，可以。

③配筋计算：选用 HRB335 钢筋，$f_y=300\mathrm{N/mm^2}$

a.基础长边方向

柱边净反力：

$$P_{nT}=P_{\mathrm{n\,min}}+\frac{1+a_c}{21}(P_{\mathrm{n\,max}}-P_{\mathrm{n\,min}})$$
$$=193.51+\frac{3.8+0.6}{2\times3.8}(275.62-193.51)=230.63(\mathrm{kPa})$$

悬臂部分净反力平均值：$\frac{1}{2}(P_{\mathrm{n\,max}}+P_{n1})=\frac{1}{2}(230.63+257.62)=244.13(\mathrm{kPa})$

$$M_T=\frac{1}{24}\left(\frac{P_{n\max}+P_{n1}}{2}\right)[(1-a_c)^2(2b+b_c)]$$

$$=\frac{1}{24}\times 244.13\times[(3.8-0.6)^2(2\times 2.8+0.4)]=624.97(\text{kN}\cdot\text{m})$$

$$A_{s1}=\frac{M}{0.9f_yh_0}=\frac{624.97\times 10^6}{0.9\times 300\times 750}=3086.3(\text{mm}^2)$$

b. 变阶处

$$P_{nv}=P_{n\min}+\frac{1+a_1}{21}(P_{n\max}-P_{n\min})$$

$$=193.51+\frac{3.8\times 1.8}{2\times 3.8}\times 64.1=240.75(\text{kPa})$$

$$M_v=\frac{1}{24}\left(\frac{P_{n\max}+P_{nv}}{2}\right)[(1-a_u)^2(2b+b_u)]$$

$$\frac{1}{24}\times 249.19\times[(3.8\times 1.8)^2(2\times 2.4+1.4)]=290.75(\text{kN}\cdot\text{m})$$

$$A_{sv}=\frac{M}{0.9f_yh_0}=\frac{290.72\times 10^6}{0.9\times 300\times 400}=2691.9(\text{mm}^2)$$

c. 基础短边方向不受弯矩作用

基底反力按均布荷载计算:

$$P_n=\frac{1}{2}(P_{n\max}+P_{n\min})=225.57\text{kPa}$$

$$M_u=\frac{1}{24}\left(\frac{P_{n\max}+P_{n\min}}{2}\right)[(b-b_c)^2\times(21+a_c)]$$

$$=\frac{1}{24}\times 225.57\times[(2.8-0.4)^2(2\times 3.8+0.6)]$$

$$=443.92(\text{kN}\cdot\text{m})$$

$$M_w=\frac{1}{24}\left(\frac{P_{n\max}+P_{n\min}}{2}\right)[(b-b_1)^2\times(21+a_1)]$$

$$=\frac{1}{24}\times 225.57\times[(2.8-1.4)^2(2\times 3.8+1.8)]$$

$$=173.16(\text{kN}\cdot\text{m})$$

$$A_{su}=\frac{M}{0.9f_yh_0}=\frac{443.92\times 10^6}{0.9\times 300\times 750}=2192.2(\text{mm}^2)$$

$$A_{sw}=\frac{M}{0.9f_yh_0}=\frac{173.16\times 10^6}{0.9\times 300\times 400}=1603.3(\text{mm}^2)$$

长边配筋:按 A_{st} 配筋 13Φ18@230(3308.5mm^2)

交错布筋:长度 12×230+9×2=2778(mm)(−22mm 复边)

短边配筋：按 A_{st} 配筋 15Φ14@250(2308.5mm^2)

交错布筋：长度 14×250+7×2=3514(mm)(−286mm 复边)

5.设计柱下条型基础

(1)梁的弯矩计算，用力矩分配法(见图 6-3)

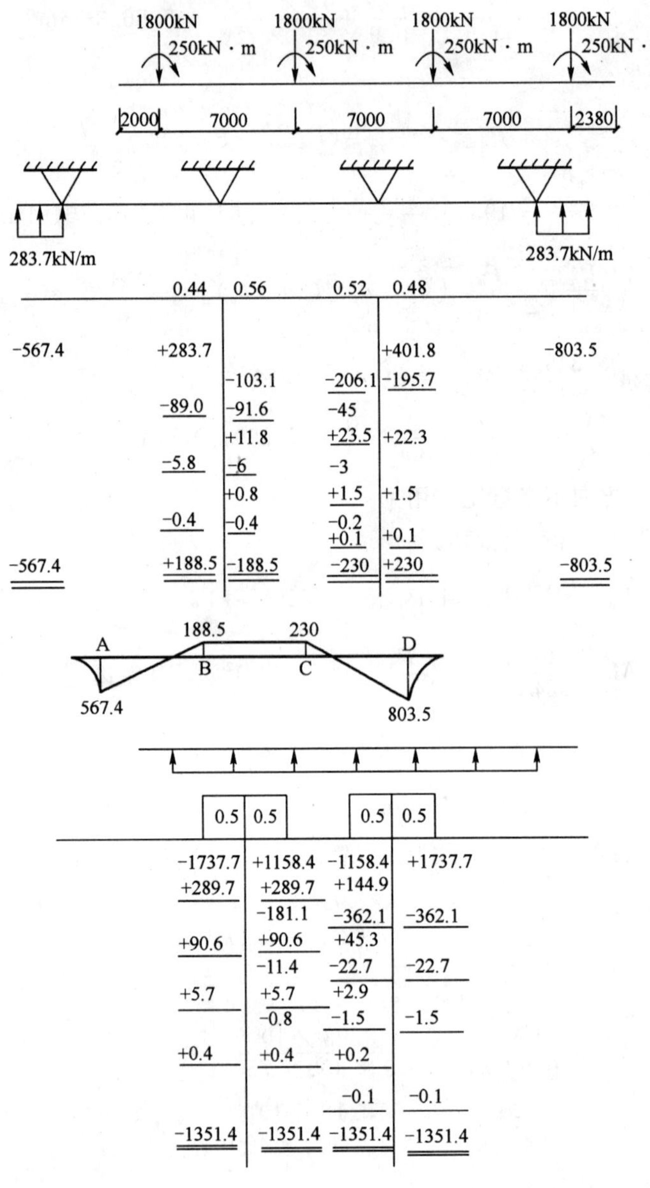

图 6-3

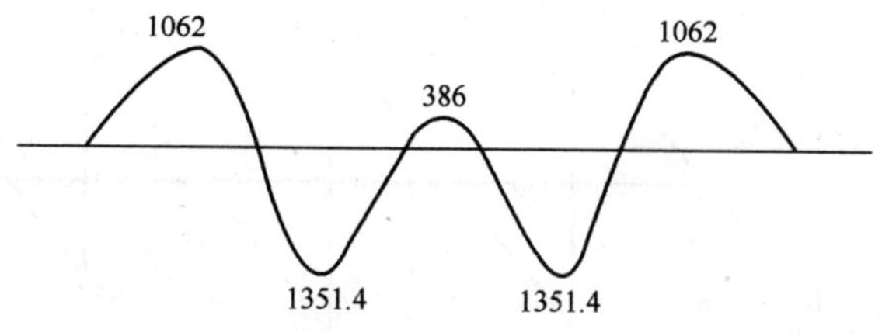

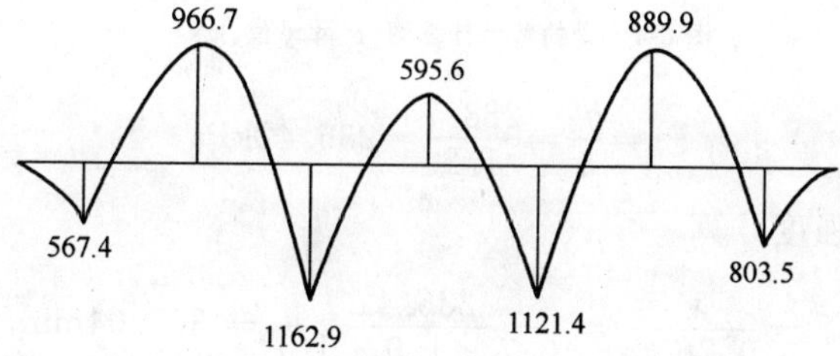

图 6-3　梁的弯矩计算图(尺寸单位:kN·m)

均布线荷载
$$q_n=\frac{1800\times4}{25.38}=283.7(\mathrm{kN/m})$$

$$M_A=\frac{1}{2}q_n l^2=567.4\mathrm{kN\cdot m}\qquad M_D=\frac{1}{2}q_n l^2=803.5\mathrm{kN\cdot m}$$

(2)梁的剪力计算(见图 6-4)

$$V_{A左}=283.7\times2.0=567.4(\mathrm{kN})$$

$$V_{A右}=\frac{q_nL}{2}-\frac{M_B-M_A}{L}=\frac{283.7\times7}{2}-\frac{1162.9-567.4}{7}=907.9(\mathrm{kN})$$

$$V_{B左}=\frac{q_nL}{2}+\frac{M_B-M_A}{L}=992.95+85.07=1078.0(\mathrm{kN})$$

$$V_{B右}=\frac{q_nL}{2}-\frac{M_C-M_B}{L}=992.95-\frac{1121.4-1162.9}{7}=998.9(\mathrm{kN})$$

$$V_{C左}=\frac{q_nL}{2}-\frac{M_C-M_B}{L}=992.95-\frac{1162.9-1121.4}{7}=987.0(\mathrm{kN})$$

$$V_{C右}=992.95+5.93=1038.4(\mathrm{kN})$$

$$V_{D左}=\frac{q_nL}{2}-\frac{M_D-M_C}{L}=992.95+\frac{803.5-1121.4}{7}=947.5(\mathrm{kN})$$

$$V_{D右}=283.7\times2.38=675.2(\mathrm{kN})$$

(3)梁板计算

基底宽 1300mm,主肋宽 700mm,翼板内外边缘均为 450mm,采用 C20 混凝土、HRB335 钢筋,肋梁高取 950mm($l/8<h<l/7$)。

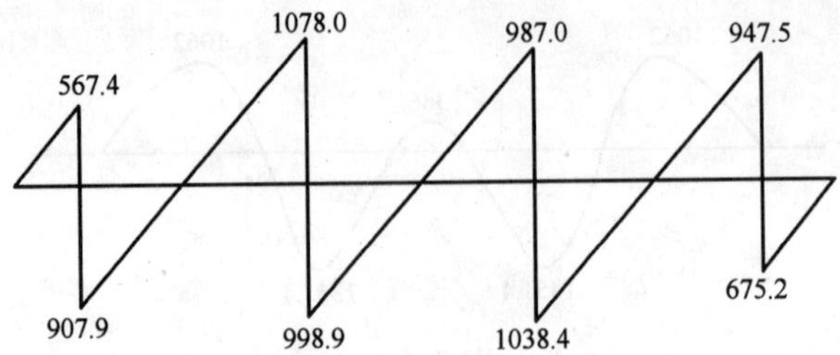

图 6-4　梁的剪力计算图(尺寸单位:kN)

基底净反力：　$P_n=\frac{q_n}{b}=\frac{283.7}{1.2}=236.42\text{kPa}$

①斜截面抗剪强度计算

$$h_0=\frac{V}{0.7\beta_n f_t}=\frac{236.42}{0.7\times1.0\times1.1}=307.04\text{mm}$$

选底板　$h_0=200\text{mm}$

实际 $h_0=450-50=400(\text{mm})>283.4\text{mm}$,满足。

②翼板受力筋计算

$$M=\frac{1}{2}\times236.42\times1.0^2=118.21\text{kN}\cdot\text{m}$$

$$A_s=\frac{M}{0.9f_y h_y}=\frac{118.21\times10^6}{0.9\times300\times400}=1094.5\text{mm}^2$$

配筋 Φ12@100(1131mm²)。

(4)肋梁计算

肋梁高 950mm,宽 700mm,主筋 HPB400,箍筋 HPB235,C20 混凝土。

①正截面强度计算

A 支座(①轴):

$$\alpha_s=\frac{M}{\alpha_1 f_c b h_0^2}=\frac{567.4\times10^6}{1.0\times9.6\times700\times900^2}=0.104\qquad\gamma_s=0.945$$

$$A_s=\frac{M}{0.945f_y h_y}=\frac{567.4\times10^6}{0.945\times360\times900}=1853.2(\text{mm}^2)$$

B 支座(②轴):

$$\alpha_s=\frac{1162.9}{5443.2}=0.214\qquad\gamma_s=0.878$$

$$A_s=\frac{M}{0.878f_y h_y}=\frac{1162.9\times10^6}{0.878\times324000}=4087.9(\text{mm}^2)$$

C 支座(③轴):

$$\alpha_s = \frac{1121.4}{5443.2} = 0.206 \qquad \gamma_s = 0.883$$

$$A_s = \frac{M}{0.883 f_y h_y} = \frac{1121.4 \times 10^6}{0.883 \times 324000} = 4087.9(\text{mm}^2)$$

D 支座(④轴)：

$$\alpha_s = \frac{803.5}{5443.2} = 0.148 \qquad \gamma_s = 0.920$$

$$A_s = \frac{M}{0.920 f_y h_y} = \frac{803.5 \times 10^6}{0.920 \times 324000} = 2695.6(\text{mm}^2)$$

AB 跨中：

$$\alpha_s = \frac{966.7}{5443.2} = 0.178 \qquad \gamma_s = 0.901$$

$$A_s = \frac{966.7 \times 10^6}{0.901 \times 324000} = 3311.5(\text{mm}^2)$$

BC 跨中：

$$\alpha_s = \frac{595.6}{5443.2} = 0.109 \qquad \gamma_s = 0.942$$

$$A_s = \frac{595.6 \times 10^6}{0.942 \times 324000} = 1951.5(\text{mm}^2)$$

CD 跨中：

$$\alpha_s = \frac{889.9}{5443.2} = 0.163 \qquad \gamma_s = 0.910$$

$$A_s = \frac{889.9 \times 10^6}{0.901 \times 324000} = 3311.5(\text{mm}^2)$$

配筋如下：

A 支座： $2\phi 32 + 1\phi 20 = 1609 + 314.2 = 1923.2(\text{mm}^2)$

B 支座： $2\phi 32 + 4\phi 28 = 1609 + 2463 = 4072(\text{mm}^2)$

C 支座： $2\phi 32 + 4\phi 28 = 1609 + 2463 = 4072(\text{mm}^2)$

D 支座： $2\phi 32 + 3\phi 22 = 1609 + 1140 = 2749(\text{mm}^2)$

AB 跨中： $2\phi 32 + 3\phi 28 = 1609 + 1847 = 3456(\text{mm}^2)$

BC 跨中： $2\phi 32 + 1\phi 22 = 1609 + 380.1 = 1989.1(\text{mm}^2)$

CD 跨中： $2\phi 32 + 3\phi 25 = 1609 + 1473 = 3082(\text{mm}^2)$

②斜截面强度计算

A 截面：$V=907.9\text{kN}$

$$V_c = 0.7\beta_h f_t h_0 = 0.7 \times \left(\frac{800}{900}\right)^{1/4} \times 1.1 \times 900 = 672.9(\text{kN})$$

箍筋所承受的剪力：

$$V_{sv} = 1.25f_{yv} \cdot \frac{A_{sv}}{S}h_0 \times 10^{-3} = 1.25 \times 210 \cdot \frac{A_{sv}}{S} \times 900 \times 10^{-3}$$

$$= 236250 \cdot \frac{A_{sv}}{S} \times 10^{-3} = 945\frac{A_{sv}}{S}$$

选四肢箍:配 Φ12@300

$V_{cs}=V_c+V_{sv}=672.9+356.3=1029.2(kN)>V=907.9kN$,满足要求。

B 截面:$V=1078.0kN$

箍筋所承受的剪力:

$$V_{sv} = 1.25f_{yv} \cdot \frac{A_{sv}}{S}h_0 \times 10^{-3} = 1.25 \times 210 \cdot \frac{A_{sv}}{S} \times 900 \times 10^{-3}$$

$$= 236250 \cdot \frac{A_{sv}}{S} \times 10^{-3} = 946\frac{A_{sv}}{S}$$

选四肢箍:配 Φ12@300

$V_{cs}=V_c+V_{sv}=672.9+356.3=1029.2(kN)>V=1078.0kN$,满足要求。

C 截面:$V=1038.4kN$

箍筋所承受的剪力:

$$V_{sv} = 1.25f_{yv} \cdot \frac{A_{sv}}{S}h_0 \times 10^{-3} = 1.25 \times 210 \cdot \frac{A_{sv}}{S} \times 900 \times 10^{-3}$$

$$= 236250 \cdot \frac{A_{sv}}{S} \times 10^{-3} = 946\frac{A_{sv}}{S}$$

选四肢箍:配 Φ12@300

$V_{cs}=V_c+V_{sv}=1100.4(kN)>V=1038.4kN$,满足要求。

D 截面:$V=947.5kN$

箍筋所承受的剪力:

$$V_{sv} = 1.25f_{yv} \cdot \frac{A_{sv}}{S}h_0 \times 10^{-3} = 1.25 \times 210 \cdot \frac{A_{sv}}{S} \times 900 \times 10^{-3}$$

$$= 236250 \cdot \frac{A_{sv}}{S} \times 10^{-3} = 946\frac{A_{sv}}{S}$$

选四肢箍:配 Φ12@300

$V_{cs}=V_c+V_{sv}=672.9+356.3=1029.2(kN)>V=947.5kN$,满足要求。

另外,在肋梁中部加 2Φ16 的构造筋,并且用单肢箍固定。

6. 地基变形验算

考虑相邻基础的影响。

(1)计算自身基底压力和基底附加压力

A 柱　$P=\frac{P_{max}+P_{min}}{2}=\frac{229.6+151.40}{2}=190.5(\text{kPa})$

$$P_0=P-\gamma d=190.5-17\times 1.2=170.1(\text{kPa})=0.1701(\text{MPa})$$

B 柱　$P=\frac{P_{max}+P_{min}}{2}=\frac{215.22+166.94}{2}=191.1(\text{kPa})$

$$P_0=P-\gamma d=191.1-17\times 1.2=170.7(\text{kPa})=0.1707(\text{MPa})$$

(2)确定沉降计算深度 Z_n(如图 6-5)

$$\begin{aligned}Z_n&=b(2.5-0.4\ln b)\\&=2.4\times(2.5-0.4\ln 2.4)\\&=5.2\text{m}\end{aligned}$$

取 $Z_n=10.5\text{m}$

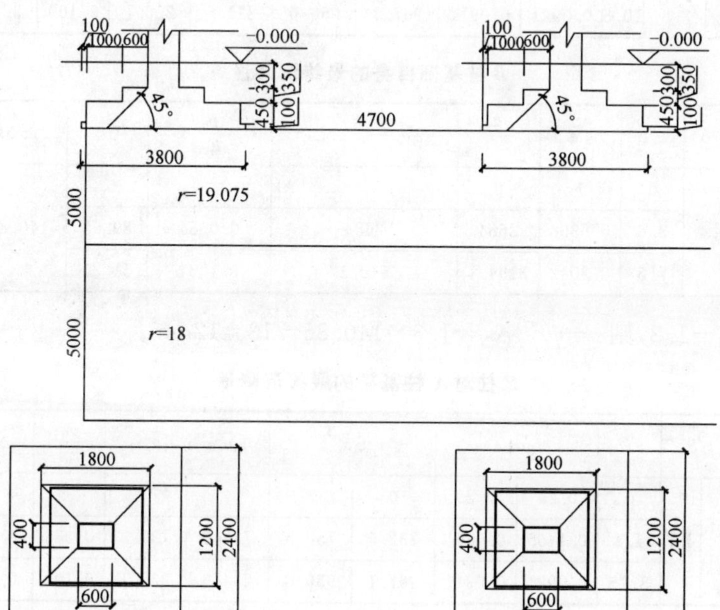

图 6-5　沉降计算简图(尺寸单位:mm)

7. 数据如表 6-1～表 6-4 所示

$$\overline{E}_s=\frac{\sum A_i}{\sum(A_i/E_{si})}=\frac{p_0\sum(z_i\overline{\alpha}_i-z_{i-1}\overline{\alpha}_{i-1})}{p_0\sum[(z_i\overline{\alpha}_i-z_{i-1}\overline{\alpha}_{i-1})/E_{si}]}$$

A 柱基础自身的最终沉降量 表 6-1

点号	Z(m)	l/b	z/b	$4\bar{\alpha}_i$	$z_i\bar{\alpha}_i$	$z_i\bar{\alpha}_i - z_{i-1}\bar{\alpha}_{i-1}$	$\frac{p_0}{E_{si}}$	Δs_i	$\sum\Delta s_i$	$\frac{\Delta s_n}{\sum s_i}$
0	0	1.6	0	1	0				127.47	0.024
1	5		4.2	0.5001	2500	2500	0.0334	83.5		
2	10.5		8.75	0.2798	2937.9	437.9	0.1004	43.97		

求得 $\psi_s=1.0$，则 $s=\psi_s\sum\Delta s_i=1.3\times127.47=165.71$mm。

A 柱对 A 柱基础的最终沉降量 表 6-2

点号	Z	l/b		z/b	$\bar{\alpha}_i$		$z_i\bar{\alpha}_i$		$z_i\bar{\alpha}_i - z_{i-1}\bar{\alpha}_{i-1}$		$\frac{p_0}{E_{si}}$	Δs_i	$\sum\Delta s_i$
0	0	6	4.7	0	0.25	0.25	0						0.93
1	5			4.2	0.1465	0.1461	732.5	730.5	732.5	730.5	0.033	0.08	
2	10.5			10.5	0.0921	0.0911	967.1	956.6	234.6	226.1	0.100	0.85	

B 柱基础自身的最终沉降量 表 6-3

点号	Z(m)	l/b	z/b	$4\bar{\alpha}_i$	$z_i\bar{\alpha}_i$	$z_i\bar{\alpha}_i - z_{i-1}\bar{\alpha}_{i-1}$	$\frac{p_0}{E_{si}}$	Δs_i	$\sum\Delta s_i$	$\frac{\Delta s_n}{\sum s_i}$
0	0	1.4	0	1	0				140.86′	0.023
1	5		3.6	0.5368	2684	2684	0.0334	89.65		
3	10.5		7.5	0.3042	3194.1	510.1	0.1004	51.21		

求得 $\psi_s=1.3$，则 $s=\psi_s\sum\Delta s_i=1.3\times140.86=183.12$mm。

B 柱对 A 柱基础的最终沉降量 表 6-4

点号	Z	l/b		z/b	$\bar{\alpha}_i$		$z_i\bar{\alpha}_i$		$z_i\bar{\alpha}_i - z_{i-1}\bar{\alpha}_{i-1}$		$\frac{p_0}{E_{si}}$	Δs_i	$\sum\Delta s_i$
0	0	6	4.7	0	0.25	0.25	0						0.93
1	5			4.2	0.1465	0.1461	732.5	730.5	732.5	730.5	0.033	0.08	
2	10.5			8.75	0.0921	0.0911	967.1	956.6	234.6	226.1	0.100	0.85	

(1)A 柱基础的最终沉降量

$$\sum S=(127.47+0.93+0.93)\times1.3=168.13(\text{m})$$

(2)B 柱基础的最终沉降量

由 A 柱可知柱与柱之间影响并不大，可以不考虑，所以 B 柱基础最终沉降量为：

$$\sum S=140.86\times1.3=183.12(\text{mm})$$

$\frac{183.12-168.13}{8500}=0.00176<0.002$，满足要求。

6.3 条形基础计算实例

本工程位于太原市某街中段，工程主体由主楼、裙楼、地下车库组成，建筑总高度 13.9m，总长度 51.6m，总宽度 25.0m。地上 4 层，±0.000 相当于绝对标高 687.37m，基底标高相当于绝对标高 676.37m。

基础设计地基承载力标准值 $f_k = 80\text{kPa}$，基础埋深为 −1.500m，地基承载力设计值 $f = 1.1 \times 80 = 88\text{kPa}$，基础混凝土采用 C20。

$$N_1 = 599.6\text{kN}, N_2 = 881.5\text{kN}, N_3 = 873.6\text{kN}, N_4 = 1165.3\text{kN},$$

$$N_5 = 1190.8\text{kN}, N_6 = 866.7\text{kN}, N_7 = 906.3\text{kN}, N_8 = 529.6\text{kN}$$

$$q = \frac{599.6 + 881.5 + 873.6 + 1165.3 + 1190.8 + 866.7 + 906.3 + 529.6}{40.5} + 3.24 \times 5 \times 1.2 = 192.61(\text{kN/m})$$

$$b_0 \geqslant \frac{N}{f - \gamma_G \cdot d} = \frac{192.61}{88 - 20 \times 1.5} = 3.32(\text{m})$$

取 $b = 3.8\text{m}$。

验算：

$$\sigma = \frac{192.61}{3.8} + 20 \times 1.5 = 80.7(\text{N/mm}^2) < f$$

基础底板配筋：

$$M = \frac{1}{12} a_1^2 (2l + a')(\sigma_{j\max} + \sigma_j)$$

$$= \frac{1}{12} \times 1.6^2 \times (2 \times 1 + 0.45 + 2 \times 0.41)(50.7 + 50.7)$$

$$= 70.74(\text{kN} \cdot \text{m/m})$$

$$A_{s1} = \frac{70.74 \times 10^6}{0.9 \times 310 \times 410} = 618.4(\text{mm}^2)$$

配 $\phi 14@200$。

冲切验算：

$$F_1 = \frac{0.69}{3.8} \times (192.61 + 20 \times 1.5 \times 3.8) = 55.67(\text{kN})$$

$$0.6 f_t U_m h_0 = 0.6 \times 1.5 \times \left(1000 + \frac{600 + 600 + 2 \times 410}{2}\right) \times 2 \times 410 = 1483(\text{kN})$$

$$F_1 = 0.6 f_t U_m h_0$$

故基础冲切满足。

基础施工图如图 6-6 所示。

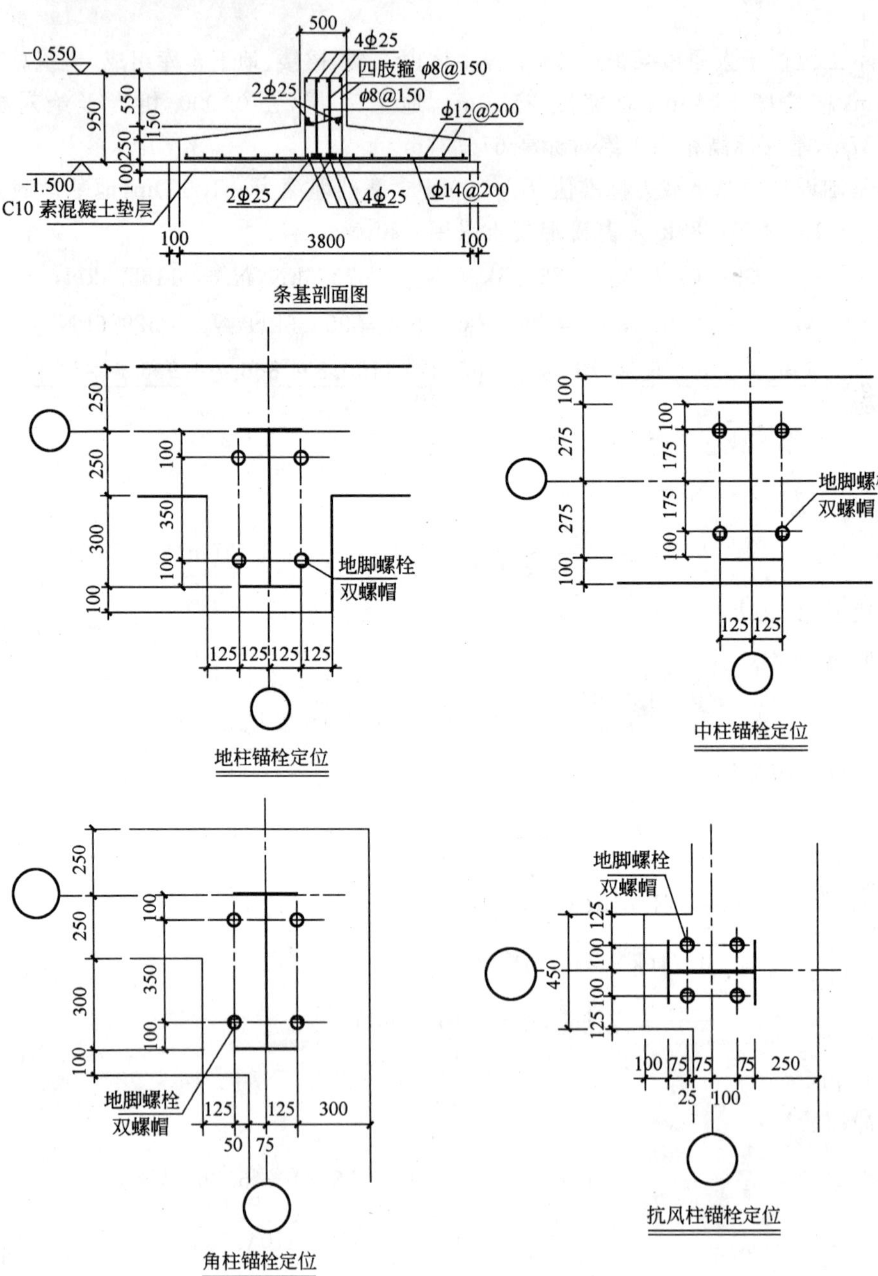

图 6-6 基础施工图

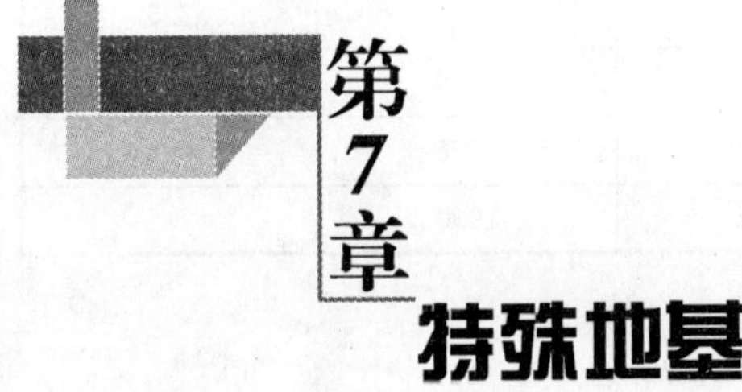

第7章 特殊地基

7.1 软土基坑计算

7.1.1 工程概况

温州某写字楼总建筑面积约 70000m^2，其中主楼 41 层，高度 150m，外框内筒结构，桩下筏板基础，最大柱荷载约 42000kN；裙楼 5 层；设有大面积的多层地下建筑物。坑底标高：±0.000 相当于绝对标高 5.45m，坑外地面平均标高为－1.00m，底板底部标高（包括垫层）*DB*-1 区域为－11.75m，*DB*-2 区域为－12.65m，核心筒体区－13.85m，核心筒中尚有电梯井局部挖至－17.65m。

7.1.2 工程地质条件

现把影响基坑开挖深度范围内的土层分布描述如表 7-1，各土层的物理力学指标如表 7-2 所述。

土层分布描述　　表 7-1

层序	土层名称	颜色	其他性质（性质、特征、包含物）	备注
②	黏土	灰褐、灰黄色	可～软塑，含铁锰质斑点及少量腐殖物	局部缺失，层厚 0.90～2.40m
③-1	淤泥	青灰色	流塑，压缩性高，含贝壳碎片、腐殖物，夹粉细砂	全场分布，层厚 12.60～14.30m
③-2	淤泥	青灰色	流塑，含少量腐殖物、零星贝壳碎屑，粉砂	全场分布，层厚 9.80～14.30m
③-3	淤泥质黏土	灰色	流塑，含少量腐殖物、零星贝壳碎屑，粉砂	全场分布，层厚 5.00～10.60m

各土层物理力学指标 表 7-2

层序	土　层	天然重度 γ (kN/m³)	无侧限抗压强度 q_u(kPa)	固结快剪	
				黏聚力 c(kPa)	内摩擦角 ϕ(°)
②	黏土	18.2	30.1	16.5	7.5
③-1	淤泥	16.0	29.4	10.6	6.2
③-2	淤泥	16.4	42.0	12.6	6.8
③-3	淤泥质黏土	17.7	51.2	19.0	7.5

注:上表各项参数均来自工程地质勘察报告。

7.1.3 基坑结构分析计算

DB-1 区域:开挖深度为 10.75m,采用钻孔灌注桩结合两道混凝土内支撑围护。

DB-2 区域:开挖深度为 11.65m,采用钻孔灌注桩结合三道混凝内支撑围护形式。

筒体区域:开挖深度为 12.85m,采用钻孔灌注桩结合三道混凝土内支撑围护形式;其中局部区域开挖深度为 14.95m,电梯井部分开挖 16.65m,采用水泥搅拌桩支护。

基坑开挖深度影响范围内土体为②黏土、③-1 淤泥、③-2 淤泥及③-3 淤泥质黏土。根据地质勘测资料及有关规范推荐值,并结合温州地区经验,决定采用土体强度参数指标如表 7-3,计算时超载取 15kPa。

计算采用各土层物理力学指标 表 7-3

层序	土　层	天然重度 γ(kN/m³)	黏聚力 c(kPa)	内摩擦角 ϕ(°)	m 值(kN/m⁴)
②	黏土	18.2	16.5	7.5	3500
③－1	淤泥	16.0	10.6	6.2	1500
③－2	淤泥	16.4	12.6	6.8	2100
③－3	淤泥质黏土	17.7	19.0	7.5	2500

根据基坑开挖深度的不同分为区域 I 和区域 II 两个计算区域。区域 I(*DB*－1 区):基坑坑底标高为－11.75m,基坑围护采用单排 ϕ800@1000 钻孔灌注桩(桩底标高为－24.00m)加两道混凝土支撑方案。区域 II:*DB*－2 区域基坑坑底标高为－12.65m,核心筒体区基坑坑底标高为－13.85m,基坑围护采用单排 ϕ900@1100 钻孔灌注桩(桩底标高为－29.00m)加三道支撑方案。电梯井部分基坑坑底标高为－17.65m,采用四排 ϕ600@500 水泥搅拌桩。

1. 区域Ⅰ计算

(1)围护结构内力计算(如图7-1)

计算选用Z15孔地质剖面图作为典型计算断面。计算时分为四种工况：

工况一:土体开挖到第一道支撑底部；

工况二:第一道支撑做好,土体开挖到第二道支撑底部；

工况三:第二道支撑做好,开挖到基坑底部(−11.75m)；

工况四:底板及毛石混凝土施工完毕,拆除第二道支撑。

计算结果如下表7-4(工况四仅给出其最大弯矩,利用连续梁法计算得出)。

计 算 结 果 表7-4

	计 算 结 果	工 况 二	工 况 三	工 况 四
区域Ⅰ	最大弯矩(kN·m/m)	281.76	553.74	548.10
	第一道支撑轴力(kN/m)	124.44	125.25	
	第二道支撑轴力(kN/m)		299.31	
	最大位移(mm)	8.5	18.3	

(2)抗隆起验算

用下式进行基坑抗隆起验算。

$$K_S = (\gamma_2 D N_q + C N_c)/[\gamma_1 (H + D) + q] > 1.2$$

其中

$$N_q = \exp(\pi \tan\phi)\tan^2(45 + \phi/2),$$

$$N_c = (N_q - 1)\cot\phi$$

计算简图见图7-2,$D=14.25\text{m}$,$H=10.75\text{m}$。

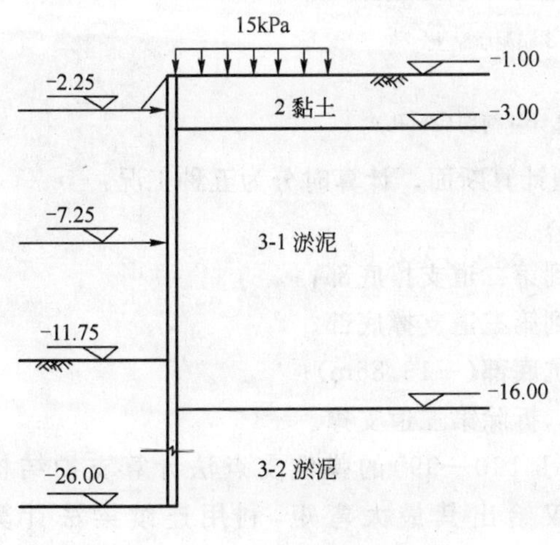

图7-1 区域Ⅰ计算简图(Z15孔)

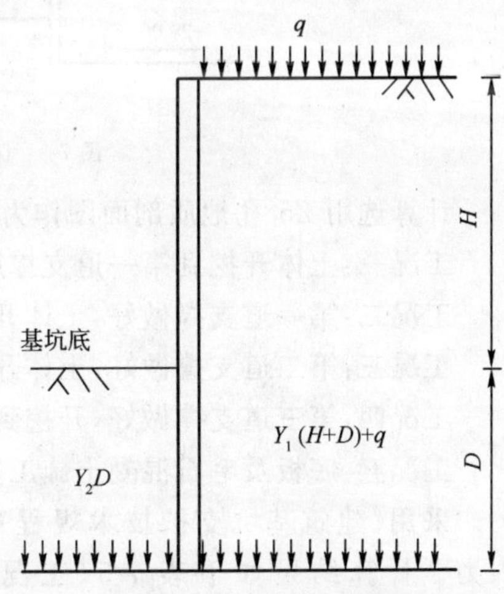

图7-2 抗隆起验算简图

计算深度内土层的加权重度为：$\gamma_1=16.28\text{kN/m}^3$，$\gamma_2=16.34\text{kN/m}^3$。$Z15$ 孔桩底土为淤泥质黏土，计算时取：$C=19\text{kPa}$，$\phi=7.5°$，$q=15\text{kPa}$，$N_q=1.97$，$N_c=7.33$，得：$K_S=1.42>1.2$，满足要求。

(3)整体滑动验算

采用 Bishop 圆弧法法验算围护结构整体稳定性，经计算可得：

$F_s=1.52>1.3$，满足要求。

2. 区域 II 计算

(1)围护结构内力计算(见图 7-3)

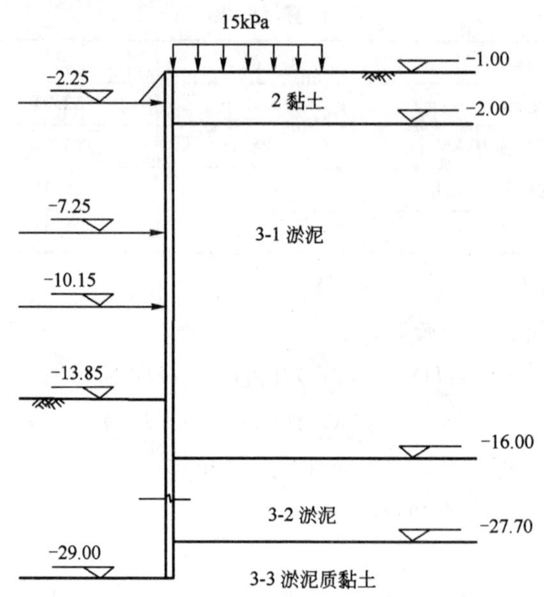

图 7-3　区域 II 计算简图($Z5$ 孔)

计算选用 $Z5$ 孔地质剖面图作为典型计算断面。计算时分为五种工况：

工况一：土体开挖到第一道支撑底部；

工况二：第一道支撑做好，土体开挖到第二道支撑底部；

工况三：第二道支撑做好，土体开挖到第三道支撑底部；

工况四：第三道支撑做好，开挖到基坑底部(−13.85m)；

工况五：底板及毛石混凝土施工完毕，拆除第三道支撑。

采用《建筑基坑支护技术规程》(JGJ 120—99)的弹性支点法计算支护结构内力。计算结果如下表 7-5(工况五仅给出其最大弯矩，利用连续梁法计算得出)。

计 算 结 果 表 7-5

	计 算 结 果	工 况 二	工 况 三	工 况 四	工 况 五
区域 II	最大弯矩(kN·m/m)	307.71	435.50	650.09	632.17
	第一道支撑轴力(kN/m)	131.30	150.11	120.03	
	第二道支撑轴力(kN/m)		153.75	284.62	
	第三道支撑轴力(kN/m)			272.13	
	最大位移(mm)	7.8	12.2	18.8	

(2)抗隆起验算

用下式进行基坑抗隆起验算：

$$K_S = (\gamma_2 D N_q + C N_c)/[\gamma_1 (H + D) + q] > 1.2$$

计算简图见图 7-2，D=15.15m，H=12.85m。

计算深度内土层的加权重度为：γ_1=16.32kN/m³，γ_2=16.45kN/m³。$Z5$ 孔桩底土为淤泥质黏土，计算时取 C=19kPa，ϕ=7.5°，q=15kPa，N_q=1.97，N_c=7.33，得 K_S=1.34>1.2，满足要求。

(3)整体滑动验算

采用 Bishop 圆弧法法验算围护结构整体稳定性，经计算可得：

F_s=1.59>1.3，满足要求。

7.1.4 电梯井水泥搅拌桩围护计算

1. 围护结构内力计算

核心筒体区基坑坑底标高为－13.85m，电梯井部分坑底标高为 －17.65m，采用五排 ϕ600@500 水泥搅拌桩。

计算选用 $Z1$ 孔地质剖面图作为典型计算断面。计算简图如图 7-4。

计算结果：

土压力： N_{max}=36.95kN

弯 矩： M_{max}=122.85kN·m

剪 力： V_{max}=48.21kN

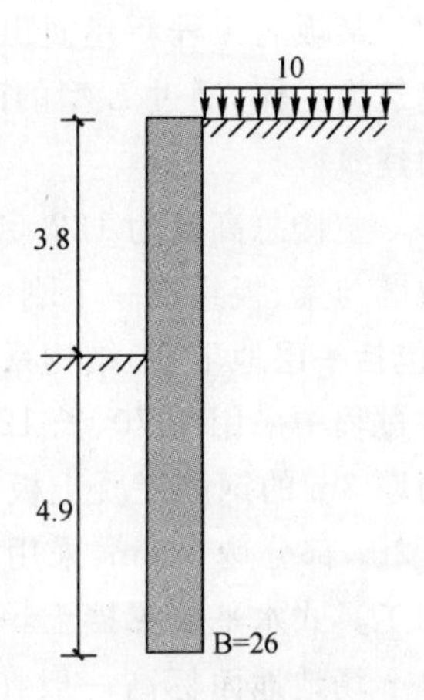

图 7-4 计算简图($Z1$ 孔)

2. 正截面承载力验算

水泥土的抗压强度一般都可达到0.8MPa，根据规范有关规定，其抗拉强度取抗压强度设计值的0.06倍。计算得到：

最大压应力=260.31kPa<800.00kPa

最大拉应力=2.00kPa<48.00kPa，满足要求。

3. 抗隆起验算

用下式进行基坑抗隆起验算：

$$K_S=(\gamma_2 DN_q+CN_c)/[\gamma_1(H+D)+q]>1.2$$

其中 $N_q=\exp(\pi\tan\phi)\tan^2(45+\phi/2)$，$N_c=(N_q-1)\cot\phi$

计算简图见图7-2，$D=3.8$m，$H=4.9$m，计算深度内土层的加权重度为：$\gamma_1=16.54$kN/m^3，$\gamma_2=16.40$kN/m^3。Z_1孔桩底土为淤泥质黏土，计算时取$C=19$kPa，$\phi=7.5°$，$q=15$kPa，$N_q=1.97$，$N_c=7.33$

得：$K_S=1.70>1.2$，满足要求。

4. 整体滑动验算

采用Bishop圆弧法法验算围护结构整体稳定性，经计算可得：

$F_s=1.31>1.3$，满足要求。

7.2 深基础施工计算

7.2.1 工程概况

某饭店工程新建面积为47830m^2，以一栋高耸的34层(附地下室一层)长条菱形建筑为主体，通过L型的四层裙房与某俱乐部原有L型二层建筑联成一个高低错落的建筑群。

主楼总高度为122.56m。工程主楼结构平面长68m，宽20m，采用纵横25道剪力墙与梁、板组成一个刚度较大的现浇钢筋混凝土剪力墙结构体系。新建地下建筑(包括一层地下室)结构系用39m送桩6m的桩基承载。桩为ϕ609×11钢管桩。打桩过程中采用ϕ470、长12m的451只袋装砂井，以减少空隙压力，稳定土体，桩承台为厚3m的钢筋混凝土板式基础。采用泵送混凝土施工，分层浇捣。挖土实挖深度6.2m，部分达8.5m，采用大型挖土机和抓斗及人工相结合方法。采用打拉森钢板桩加工具式水平支撑挡土，一级轻型井点降低地下水位。

场地地面标高一般在±2.8～3.2m之间。深度120.4m范围内的场地地基自上而下共分11层，均为第四纪松散沉积物，主要由饱和软黏土和砂性土相互交替而成。第 8 层粉细砂作为本工程主楼的桩基持力层，桩尖进入粉砂层约 2m，开口钢管桩单桩极限承载力可达 6500kN，高层计算沉降量为 35.7m，实际沉降估计控制在 25cm 左右。

7.2.2　钢板桩支撑设计与计算

1. 钢板桩埋置深度计算

按资料，以绕板桩下部滑动破坏(隆起)的稳定为根据进行验算。公式如下：

$$F=\frac{M_r}{M_a}=\frac{x'\int_0^{\frac{\alpha}{2}+\alpha} S_u(x'\mathrm{d}\theta)}{\omega\times\frac{x'}{2}}$$

要求安全度 $F\geqslant1.2$。

式中：M_r——抵抗滑动力矩；

M_a——土体自重产生的滑动力矩；

ω——开挖深度处板桩及土体自重；

x'——土体滑动半径；

θ——休止角；

α——力矩中心到开挖土层的夹角；

S_u——滑动面的内摩擦力。

钢板桩及土体滑动示意图及计算简图见图 7-5、图 7-6。

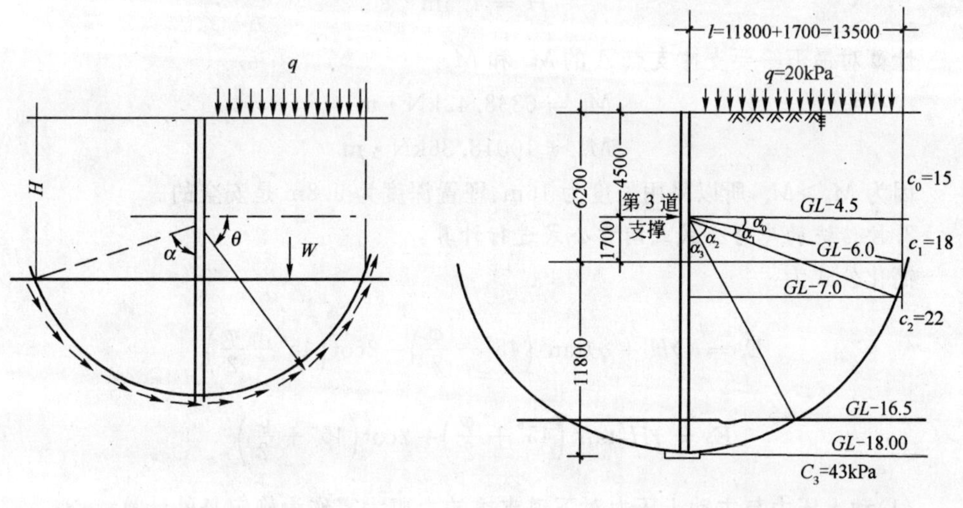

图 7-5　土体滑动示意图

图 7-6　计算简图

经整理后得：

$$F=\frac{M_r}{M_a}=\frac{2c_0\alpha_0+4(c_1\alpha_1+c_2\alpha_2+c_3\alpha_3)}{\gamma_t H+q}$$

式中：c_0,c_1,c_2,c_3——各土层的内聚力；

$\alpha_0,\alpha_1,\alpha_2,\alpha_3$——力矩中心到各土层之间的夹角；

γ_t——土体重力密度各层土体重度加权平均值；

q——地面荷载；

H——开挖深度。

选取板桩长度为18m。

取 $c_0=15\text{kPa}$，$c_1=18\text{kPa}$，$c_2=22\text{kPa}$，$c_3=43\text{kPa}$，$\gamma_t=17\text{kN/m}^3$，算得：$F=1.32>1.2$，安全。

原设计钢板桩要伸出地平面2m，故总长度取20m。实际按滑移破坏稳定理论计算，埋置深度为11.8m，总长度取18m已足够。

2.按日本铃木音彦有关公式计算

黏性土主动土压力按　　$E_a=0.5\gamma H$

被动土压力按　　$E_p=\gamma H+2c$

选取总长度为16m，埋置深度为9.8m

c 取平均值16.5kPa

$$\gamma_t=17\text{kN/m}^3$$

$$H=4.5\text{m}$$

计算对最下一要支撑支点 A 的 M_a 和 M_p

$$M_a=6838.42\text{kN}\cdot\text{m}$$

$$M_p=10018.36\text{kN}\cdot\text{m}$$

因为 $M_p>M_a$，所以采用长度为16m、埋置深度为9.8m是安全的。

3.按传统的库仑公式或朗肯公式进行计算：

简化公式为：

$$E_a=(\gamma H+q)\tan^2\left(45°-\frac{\varphi}{2}\right)-2\cot\left(45°-\frac{\varphi}{2}\right)$$

$$E_p=\gamma H'\tan^2\left(45°+\frac{\varphi}{2}\right)+2\cot\left(45°+\frac{\varphi}{2}\right)$$

(1)动土压力与主动土压力对下道支撑的力矩为零作为稳定条件计算

取　　$\gamma=17\text{kN/m}^3$

$$C = 16.5\text{kPa}(7\text{m 以上})$$

$$C = 22\text{kPa}(7\text{m 以下})$$

$$q = 20\text{kPa}(\text{地面附加荷载})$$

$$\varphi = 7^\circ \sim 13^\circ(\text{平均 } \varphi = 10^\circ)$$

计算取 $\varphi=10^\circ$，如设板桩长度为 16m，

$$E_a = 168.65\text{kPa}$$

$$E_p = 288.93\text{kPa}$$

$$E_{a1} = (17 \times 4.5 + 20)\tan^2\left(45^\circ - \frac{10^\circ}{2}\right) - 2 \times 16.5\tan\left(45^\circ - \frac{10^\circ}{2}\right)$$

$$= 40.25(\text{kPa})$$

对 C 点取矩

$$M_a = 8321.82\text{kN} \cdot \text{m}$$

$$M_a = 12327.21\text{kN} \cdot \text{m}$$

$K=\frac{M_p}{M_a}=\frac{12327.21}{8321.82}=1.48>1.2$，可以。

(2)根据作用在铜板桩的土压力分布计算决定钢板桩埋置深度

$$E_a = \gamma h + q - 2c$$

取 $\varphi=10^\circ$，分阶段计算。

①ω_2 阶段

第一次土压力为零的深度：

$$h = \frac{2 \times 15\tan\left(45^\circ - \frac{10^\circ}{2}\right) - 20}{17} = 0.3(\text{m})$$

$$E_{a2,3} = (2.3 \times 17 + 20)\tan^2\left(45^\circ - \frac{10^\circ}{2}\right) - 2 \times 15\tan\left(45^\circ - \frac{10^\circ}{2}\right)$$

$$= 16.44(\text{kPa})$$

$$E_{p2,3} = 2 \times 15\tan^2\left(45^\circ + \frac{10^\circ}{2}\right) = 42.6(\text{kPa})$$

$$R_a = \frac{1}{2} \times 2^2 \times 16.44 = 16.44(\text{kN})$$

$$M_a = \frac{1}{6} \times 2^2 \times 16.44 = 10.96(\text{kN} \cdot \text{m})$$

$$R_1 = \frac{10.96}{2.2} = 4.98(\text{kN}) \approx 5(\text{kN})$$

②ω_3 阶段

$$E_{a3,1}=26\text{kPa}$$

$$E_{a5,3}=47.3\text{kPa}$$

$$E_{p5,3}=42.84\text{kPa}$$

$$E_{a5,3}-E_{p5,3}=4.3\text{kPa}$$

$$B_2=17\left[\tan^2\left(45^\circ+\frac{10^\circ}{2}\right)-\tan^2\left(45^\circ+\frac{10^\circ}{2}\right)\right]=12.17(\text{kPa})$$

$$d=\frac{4.5}{12.17}=0.37\text{m},即\ 5.67\text{m}\ 深$$

$$R_a=116.68\text{kPa}$$

$$M_a=218.26\text{kN}\cdot\text{m}$$

$$M_1=27.85\text{kN}\cdot\text{m}$$

$$R_2=56.5\text{kN}$$

$$R_a=55.18\text{kN}$$

$$B_3=17\left[\tan^2\left(45^\circ+\frac{10^\circ}{2}\right)-\tan^2\left(45^\circ-\frac{10^\circ}{2}\right)\right]=3.91\text{kPa}$$

最大弯矩处在 3.1m 下，求 y：

$$5+56.5-32.63-26y-\frac{y^2}{2}\times\frac{4.5}{2.35}=0$$

解得 $y=0.95$，即 4.05m 深

$$M_{max}=58.08\text{kPa}$$

③ω 阶段

$$E_{a6,2}=58.08\text{kPa}$$

$$E_{p6,2}=42.84\text{kPa}$$

$$E_{a6,2}-E_{p6,2}=15.24\text{kPa}$$

$$d=\frac{58.08-42.84}{391}=3.9(\text{m}),即深\ 6.2+3.9=10.1(\text{m})$$

$$R_a=192.67\text{kN}$$

$$M_a=1011.7\text{kN}\cdot\text{m}$$

$$M_1=5\times10=50\text{kN}\cdot\text{m}$$

$$M_2=440.7\text{kN}\cdot\text{m}$$

$$R_3=92.2\text{kN}$$

$$R_a=38.97\text{kN}$$

锚固深度 $t=\sqrt{\dfrac{2\times 38.97}{3.91}}=4.46(\text{m})$

总长度 $l=10.10+1.2\times 4.66=16(\text{m})$

4. 用盾恩法(近似)计算板桩入土深度

由于采用井点降水,坑底以上的土重度不考虑浮力。

由充分利用板桩的抗弯强度出发,将支撑布置成使板桩各跨度的最大弯矩相等,且等于板桩的允许抵抗弯矩,以使板桩材料最经济。因此,采用等反力等弯矩布置。

$\overline{ER}$的斜率公式为:

$$K_n = \gamma(K_p - K_a)$$

式中:K_p——修正过的被动土压力系数;

K_a——主动土压力系数;

γ——土的重力密度,kN/m^3。

$\overline{DB}$板桩上的荷载$GDB'N'$一半传到D点,另一半传给土压力$ER'B'$。

所以 $\gamma(K_p-K_a)x^2-K_a\gamma H_x-K_a\gamma HL_5=0$

有关计算参数如下:

γ、φ、c值按加权平均值计算:

$$\gamma_{平均} = 17kN/m^3$$

$$\varphi_{平均} = 10°$$

$$c_{平均} = 20kPa$$

$$q_{平均地面附载} = 20kPa$$

选用拉森III型钢板桩:

$$\omega = 2270cm^3 \qquad [\sigma] = 200MPa \qquad B = 400cm$$

$$h = 170cm \qquad t = 15.5cm \qquad A = 96.99cm^2$$

按照要求采用"先撑后挖",支撑为三道布置。

$$K_a = \tan^2\left(45° - \frac{\varphi}{2}\right) = 0.704$$

$$\sqrt{K_a} = 0.839$$

$$K_p = \tan^2\left(45° + \frac{\varphi}{2}\right) = 1.19$$

$$\sqrt{K_p} = 1.092$$

$$E_a = (q + \gamma R)K_a - 2c\sqrt{K_a} = 54.72\text{kPa}$$

斜率：

$$K_a = \gamma(K_p + K_a) = 8.26$$

$\overline{DB}$板桩上的荷载$GDB'N'$一半传到D点，别一半给土压力$ER'B'$。

所以

$$\gamma(K_p + K_a)x^2 - K_a\gamma H_x - K_a\gamma HL_5 = 0$$

$$17(1.19 - 0.704)x^2 - 0.704 \times 17 \times 6^2 x - 0.704 \times 17 \times 6^2 \times 1.7 = 0$$

解得

$$x = 10.44(\text{m})$$

板柱入土部分的固定点在P的作用点0，距坑底的距离为：

$$\frac{2}{3} \times x = \frac{2}{3} \times 10.44 = 6.96(\text{m})$$

所以，板桩的总长度至少要6.2+10.44=16.64(m)。

此外，还以等值梁法计算，得板桩总长度约18m。

5.钢板桩支撑设计及计算

按变形来确定钢板桩支撑，根据原设计三道支撑是鉴于周围土体只允许有微小变形(以下为日方计算公式)。

按弹性梁，把桩顶变形视为以下三种变形之和：

(1)板桩变形。

(2)被动土压缩变形。

(3)土堆压缩变形引起板桩顶端变形。

所以

$$\begin{aligned} f &= f_1 + Qh_0 + \delta \\ &= \frac{N(1+\beta h)}{2EI\beta^3} + \frac{Nh_0(1+2\beta h)}{2EI\beta^2} + \frac{h_0^4(11q_1 + 4q_2)}{120EI} \end{aligned}$$

其中：

$$N = \frac{1}{2}(14.08 + 26.75) \times 1 = 20.42(\text{kN})$$

$$h = \frac{\frac{1}{2} \times 26.75 \times 1 \times \frac{1}{3} + \frac{1}{2} \times 14.08 \times \frac{2}{3}}{20.42}$$

$$= 0.45(\text{m})$$

$\beta=\sqrt[4]{\frac{KD}{4EI}}=4.98\times10^{-3}$（$D$ 为宽度，取 1m，K 为土反力系数，取 1）

$$f=\left[\frac{1}{EI}\frac{20.42\times10^{3}\times(1+4.98^{-3}\times10\times45)}{2\times4.983\times10^{-9}}+20.42\times10^{3}\times100\right.$$

$$\left.\times\frac{(1+2\times4.98^{-3}\times10\times45)}{2\times4.982\times10^{-6}}+\frac{100^{4}(11\times14.08+4\times26.75)}{120}\right]$$

$$=3.95(\mathrm{cm})$$

(1)安装第一道支撑后，挖土－3.2m

令
$$E_a=E_P$$

$$E_a=[(3.2+D)\times18+20]\tan^2 40^\circ-2\times15\tan45^\circ$$
$$=12.67D+29.43$$
$$E_p=18D\tan^2 50^\circ+2\times15\tan50^\circ=25.56D+35.7$$
$$D=0.49\mathrm{m}$$

取土压力为零点以上 1/3 处为嵌固点，计算变形：

$$f_{\max}=0.00239\times\frac{ql^4}{EI}=0.31\mathrm{cm}$$

若按简支计算：

$$f=0.83\mathrm{cm}$$

一端嵌固：

$$R=65.3\mathrm{kN}$$

简支：

$$R=108.75\mathrm{kN}$$

(2)安装第二道支撑后挖土－5.3m

令
$$E_a=E_P$$

$$E_a=[(5.3+D)\times18+20]\tan^2 40^\circ-2\times18\tan40^\circ$$
$$=12.67D+53.8$$
$$E_p=18D\tan^2 50^\circ+2\times18\tan50^\circ=25.56D+42.84$$
$$D=1.54\mathrm{m}$$

取合力为零点以上 1/3 处为假想支点，计算变形：

$$E_{a2}=(18\times2.3+20\tan40^\circ-2\times18\tan^2 40^\circ)=13.02(\mathrm{kPa})$$

$$E'_{a2} = 66.72\text{kPa}$$

$$f = 0.10\text{cm}$$

若按简支计算：

$$f = 0.34\text{cm}$$

一端嵌固：

$$R = 28.26\text{kN}$$

简支：

$$R = 39.64\text{kN}$$

(3)第二道支撑安装后挖土至设计标高

令 $$E_a = E_P$$

$$E_a = [(6^2 + D) \times 18 + 20]\tan^2 40° - 2 \times 18\tan 40°$$
$$= 12.67D + 55.4$$

$$E_p = 29.56D + 42.84$$

$$D = 1.34\text{m}$$

$$E'_{a3} = 66.72\text{kPa}$$

$$E_{a3} = 55.4\text{kPa}$$

取合力为零点以上 1/3 处为假想支点，计算变形：

$$E'_{a3} = 66.72\text{kPa}$$

$$E_{a3} = 55.4\text{kPa}$$

一端固结：

$$f = 0.26\text{cm}$$

若按简支计算：

$$f = 0.68\text{cm}$$

按一端固端：

$$R = 32.46\text{kN}$$

简支：

$$R = 45.35\text{kN}$$

6. 挖土及支撑按图 7-7、图 7-8、图 7-9 所示进行

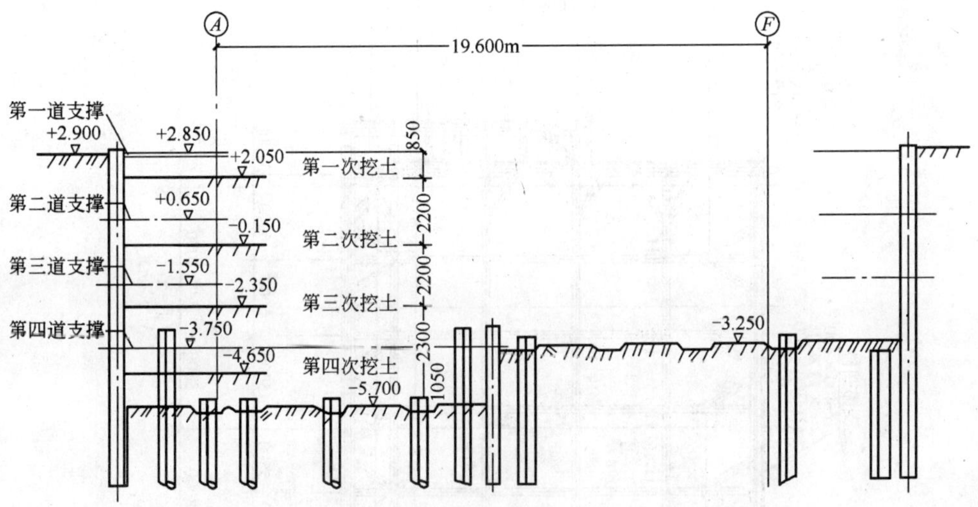

图 7-7　挖土剖面示意图

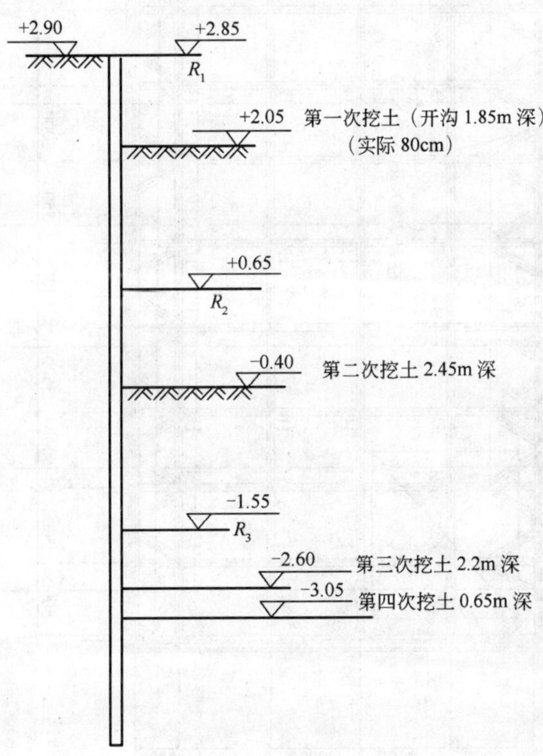

图 7-8　支撑开挖剖面图

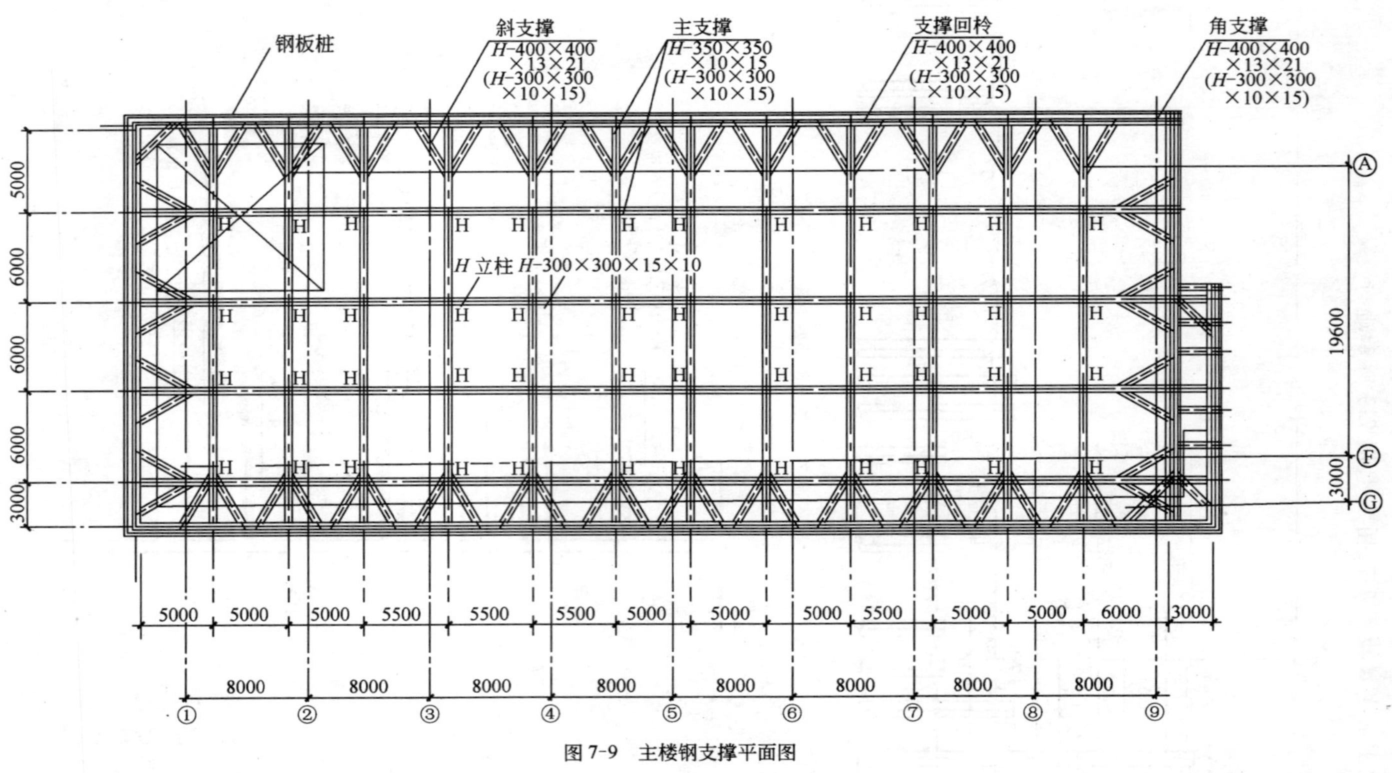

图 7-9 主楼钢支撑平面图